Story of a
Typeface

字體傳奇

影響世界的Helvetica

Helvetica
forever

拉斯·繆勒 主編
李德庚 譯

英文版出版：維克托·馬爾塞 & 拉斯·繆勒
文稿：阿克瑟·朗格 & 因德拉·庫普弗施密德
支持：阿爾弗雷德·E·霍夫曼

三聯書店(香港)有限公司
Joint Publishing (H.K.) Co., Ltd.

廣煜
（吐毛球平面設計，北京）

有一本*Helvetica Forever, Story of a Typeface*的書你知道嗎？

知道，我買了一本。翻閱後我突然意識到要以個人的方式去紀念它。所謂以個人的方式去紀念就是在設計項目上主觀地去使用Helvetica字體，做過的案例有：紀念田中一光、福田繁雄和中島英樹個展的推廣海報以及深圳設計之都的標誌募集方案。

現在你還會採用Helvetica字體去做設計嗎？

有機會就用。

為什麼？

我們無法擺脫雙語或多語的設計，去年我在首爾字體雙年展會議上發表了「盲目性、自覺性、尺度的把握」的觀點。如何運用雙語去設計，首先我們必須瞭解拉丁字體的演變，最近李德庚老師翻譯的《字體傳奇——影響世界的Helvetica》將再次喚醒我們對拉丁字體歷史及人文的關注，我認為這是我們專業的必修書。

王序
（wx-design，廣州）

設計之間都是相互貫通的。做任何一種設計都需要對整個設計的範圍有綜合的瞭解，即便我們以中文為主做設計，同樣需要盡力去瞭解英文字體。我把我的觀點分為三塊：

對於做字體設計的人來說，一定要盡量多和深地瞭解英文字體。西方已經有了一個相對完善的字體體系，我們中文的黑體就是從西方的無襯線字體演化而來。用發展的眼光來看，是不是接下來還是繼續能有所借鑒呢？其實所有的文字設計都是相互借鑒的，早年，英文字體不也受阿拉伯、埃及、希伯倫文字設計很深的影響嗎？地球是一個整體，不是以國家來分的。大家需要共同來維護一個整體的文化。要把本土的文字做好，就需要一種包容其他文字的能力。

對於做字體應用的人，也就是我們平面設計師來說，最通常遇到的就是搭配中英文的問題。最通常的模式是找中文和英文的形似。當然，文字搭配還可以有其他的關係處理，比如矛盾、衝突什麼的。這種關係是設計師可以去設定和控制的。這就需要設計師事先能夠瞭解更多的可能性，才能確定你找到的就是你想要的那種關係，才能夠到達你心裡認為最恰當的那個點。如果不瞭解，就兩眼一抹黑。那不完了嗎？

對於普通觀眾來說，需要前兩群人做好自己的事，才能影響到他們。也許分清楚Helvetica和Arial很難，就像「還行」和「好」只是相當於98%和100%的區別。所以我們還有很多事要做。

這本書的核心只是一款字體，對於一個龐大的英文字體體系來說，只是一點點，但從這裡做起卻意義重大。

李少波
（湖南師範大學美術學院，長沙）

在字體中，有多少東西是與設計沒什麼關係的呢？看似無關的因素對字體又有多大的作用？這些或直接或間接的作用從設計師角度該如何對待？關注設計之外的又與設計有關的，探究箇中因素演化的必然與偶然，解讀設計發生的前因後果。知其然，更知其所以然，脫離設計看設計才能還原設計本真。

「Helvetica」的成功，不僅是設計的成功，也是歐洲設計文化本身的成功，這種成功受益於漫長的中世紀黑暗之後歐洲各國間印刷技術的更替發展、交流、共享，受益於歐洲大陸的文明的平等、開放、民主，受益於戰後世界趨同的文化環境以及瑞士本土的文化傳統與商業意識……當然，更離不開設計的直接作用。瞭解這些才會懂得「Helvetica」能夠在今天如此多元的社會環境中通行無阻，並獲得廣泛價值認同的原因，也才能夠解讀小小字母中深藏的設計密碼並且以小見大，推而廣之。

再看中文字體，如果僅僅是從影響和意義來比較，歷史上李斯的小篆、程邈的隸書甚至是刻工的細明體都不弱於「Helvetica」。這種民族主義的比較雖然沒有意義，但比較不是為了自豪，而是為了反思。「反思」在當下虛浮的設計文化語境中雖然缺乏直接的作用，但若漠視忽略則肯定也不行。

「字體」，最初是伴隨拉丁文字世界的工業化進程，應媒介傳播之需，而席捲全世界的一項文化革新。建立在基本邏輯上的層級關係清晰的拉丁文字設計體系，將文字設計與工業化的批量複製生產很好地結合在一起，在促進人類進步與知識共享的啟蒙過程中展現了其理性的光輝。

戰後，從理想主義出發，現代主義者希望設計出一種沒有個人風格，沒有政治傾向的終極字體，以「清潔」這個社會。Helvetica應運而生，成為西方世界在電氣時代傳播媒介的標準字體。現代主義者紛紛化身為國際主義戰士，自信滿滿的西方向全世界輸出全球通用的國際主義革命，Helvetica就是他們的大規模終極武器，高度秩序感，完全標準化，昭告一個乾淨整齊的美麗新世界：現代的企業、全新的政府、先進的權威。而極端理性主義的頂峰，迅速蛻變為形式與風格之後，其實質卻喪失了理性。

風格即政治，這種風格將現代主義轉為幸福生活方式的物質主義目標，迅速席捲全世界的Helvetica，轉而成為新消費主義意識形態的符號。Helvetica托拉斯帝國一統天下的時代，已經沒有多少「持不同政見者」，其對字體多樣性的威脅戲劇性地成為一種大清洗：對幻象的驅逐，對心理的奴役，在人類的下意識裡。

蔣華
（中央美術學院，北京）

朱志偉
（方正字庫，北京）

Helvetica一直感動著我，這是因為它使我看到了一款字體是如何忠懇幫助人們清晰、準確地表達和理解文字信息。文字這一符號體系，作為社會記錄和交際工具是為他人和社會而存在的。文字的社會公器性質決定了它必須是易學、易寫、易記和高效的，必須在全社會甚至世界範圍內獲得普遍使用和認同。只有具備這樣的條件，才能最大限度的發揮文字的社會效用。Helvetica的簡約、均衡、清晰、精緻正符合高效表達和理解文字信息的需要。由此，我懂得了字體的價值不在於字體個性本身，而是在於字體的普適性，即能被不同種族、不同個性的人群廣泛接受。Helvetica的傳奇恰好證明了文字學家王鳳陽先生《漢字學》中的一句話：「一種文字的力量在於掌握它、使用它的人數，在於它的被使用率和應用範圍；一種字體的力量也在於它的被使用人數及頻率上」。

Helvetica是導火索，但不是救世主。

仔細回想下，我應該是1998年前後知道Helvetica的吧，這還應該歸功於當時對漢字橫排的研究，我無法忽視現代中文橫排和英文字的關係。當時國內對字體的關注是少之又少，直到2007年，那部著名紀錄片的誕生。在以杜欽為首的幾位朋友們無償翻譯後，該片以超乎想像的速度在中國大陸得到普及，讓無數國人驚歎於一款字體居然能有如此的迷人魅力和歷史淵源，同時也促使大家開始關注字體設計這一極其重要、卻又被忽視很久的基礎設計領域。近來，中國設計人對於字體的重視程度達到了一個小高潮，真心期待以此為契機復興中國的字體設計。感歎英文字體博大精深之餘，中文字體的設計經典之作，終究還是需要國人自己的努力。

陳嶸
（復旦大學上海視覺藝術學院，上海）

它是明星，但每個superstar都是時代的基因突變。有的時候你嚴肅地去討論字體的本身總顯得沒有意義。在愛德華德．霍夫曼和馬科斯．米丁格搗鼓這款字體的同時有無數款「Helvetica」同樣在路上，但似乎只有Helvetica成為了全球化的另一個代名詞。問題就在於跨國公司們需要一個很有個性的載體去自砸場子嗎？從前一個意識形態的災難（第二次世界大戰）中誕生瑞士國際主義——它實質上是一批受迫害的德國人對襯線噩夢的撥亂過正，到下一個意識形態的泥沼（冷戰），「生意」必須以一種沒有感情色彩的面目滲透在東西方之間。Helvetica是空氣，像居民區大媽一樣安全。它隱形般地被「默認」，當「個性」「反叛」們上街需要尋找一個出氣的靶子時，Helvetica又替現代主義派大家庭出了一次台。在Gary Hustwit 拍的那部著名字體文藝片裡，艾里克．斯皮克曼（Eric Spiekermann）指責Helvetica的納粹色彩，但我覺得那只是斯皮克曼的Meta字體沒有Helvetica般地成功，不然就是德意志的成功學樣板戲了。值得關注的一點是，當19至20世紀日耳曼研發前線在戰後都轉變成英美生產流水線之後（以各字體廠的起落歸屬為參照），之中湧動的究竟是什麼暗流呢？做為一個東亞局外人，我都為之感傷……

盧濤
（聯合視務，杭州）

趙清
（瀚清堂設計，南京）

Helvetica應該是我從事設計以來用得最多的一款無襯線拉丁字體了，記得第一次與它接觸時，蘋果電腦還尚未用於設計。在那時的照相字體排版字表中總是會選擇它，因為它字形變化不大、個性不強，又很容易與中文字體和諧相處。當進入桌面出版設計的時代，Helvetica是電腦字庫的首批字體之一，在大量的電腦字體中我也會經常自然地選用它。這是源於它的中立、可信、安全和極具條理化的特質，以及平凡中又彰顯出設計的個性，這與我所崇尚的既平和、單純，又耐人尋味的設計理念是如此地不期而合！

當時，我並不瞭解Helvetica成功背後所隱藏的故事，在眾多形態各異的字體中，它如此安靜、端莊地看著你，讓你嘗試了其他字體後，在難以選擇的時候總是會一次又一次地想到它。現在它已成為一種社會現象，被很多字體愛好者研究，它至今還在被廣泛應用，它已然成就了歷史、走向永恆！

向冷靜沉著、樸實平凡、散發著固執美麗的Helvetica致敬！

王紹強
（廣州美術學院，廣州）

書中講到「一款字體居然成為了明星！」這是什麼？好期待。

字體，在傳遞信息、文化或一個道理的背後也許都有深刻的故事。

就像漢字是中華文化的基石，傳承文化的載體。然而中國漢字在現代中國經濟大潮與信息時代中，沒有得到很好的完善與發展，普羅大眾還沒有意識到漢字設計有多重要，難以去重視隨處常見、平凡的漢字。同時，國家對字體設計的研究投入也是少之又少，更要命的是，在缺乏知識產權意識的中國，無法保護設計師的產權，使設計師受到心理與物質上的雙重制約。還好，近年來中國興起來一批青年設計師，致力於設計教育、字體研究與發展中國的字體設計。《字體傳奇》通過記錄與分享設計大師馬科斯．米丁格與愛德華德．霍夫曼創造字體的親身經歷，給予新一代設計師寶貴的教育與啟發。

20世紀90年代初，我們這些學平面的學生都記得一種叫轉印字貼的東西，這種類似於熱轉印技術可以讓手工作業的效率與質量大幅提升，這應該是我最早接觸的Helvetica了。

印刷術的發明引發了書寫文明的式微，而無襯線字體在工業文明的語境下登上了歷史舞台。「國際主義風格」追尋「中性」為精神內核，使得Helvetica被視作現代主義在字體設計界的典型代表，它所具有的無缺陷亦無感觀刺激的特點使得它呈現了「像一個透明的容器一樣」的氣質，這種氣質在字體上解釋為讀者在閱讀的時候專注於文字所表達的內容，而不會關注文字本身所使用的字體。這種特點的存在，使得「Helvetica適合用於表達各種各樣的信息，並且在平面設計界獲得了廣泛的應用。」

某種程度上我認為需要把它歸類到「建築混凝土」、「工業塑料」一類詞條裡，因為它已經成了我們平面思考時順理成章的一種元素了，但有時候也成為一種「陷阱」。

雨果說：「開啟人類智慧的寶庫有三把鑰匙——數字、字母和音符。」而Helvetica具有了三把鑰匙所有特質，並影響了世界。

袁由敏
（中國美術學院，杭州）

何明

（7788文化，成都）

《字體的設計原理》作者阿歷克斯·伍·懷特（Alex W.White）寫過這樣一段話：「規則制定出來就是為了違反的，但我們必須先瞭解排印是什麼後才能打破規則。創意來自瞭解之前發生的情況，瞭解字體歷史及其當前的應用，這樣我們才可以帶來多樣性和創新。」

在這個無法避免中英文混搭的時代，對英文字體往往是霧裡看花，以至於設計總是呈現出中文越來越小、英文越來越大的情況。對中文字體還沒有建立起完整的理論體系，就更別提對英文字體的系統認知了。無論是中文還是英文，我們都需要瞭解其形成的根源和在信息交流中所發揮的重要作用。Helvetica的成功故事正好可以為我們提供一個理性認識英文字體的絕好機會。

這本書對我來說，除了可以瞭解到一款字體的成功緣由之外，它更像一面鏡子，為我提供了另一種重新審視中文字體設計和應用的方法。

編譯者之所以推出《字體傳奇》一書，一方面正視在國際化進程中，英文已成為中國人文化生活中視覺化的一部分，另一方面環顧國人文字使用之現狀，當今電子軟件似乎讓使用者無須在理解的基礎上去選擇字體，設計者運用電腦程序和現有字庫能最便捷地，卻盲目的掌控版面。傳統載體的文字使用者對印刷字體也未必有理性的認識，而英文字體最廣泛的版式法則是建立在對文字的理解和應用基礎之上的。正如譯者在序言中所述：「在中國現代意義上的字體設計還是個新生兒，缺少好的字體只是表面現象，更深層的問題是平面設計師與字體設計師對於字體認識的不足，沒有相關的字體基礎知識與術語系統，我們就缺乏有效的工具去認識與研究字體。」

《字體傳奇》講述了國際上被廣泛應用、也是全球化文字體系中成為最鮮明的視覺傳達信息符號的「Helvetica」體，即無襯線黑體的傳奇故事。解讀該款字體從形成、使用、檢驗到成熟的成長過程，提供字體自身演變到發展應用研究的一種邏輯推理和深入方法，並傳遞出一個重要的觀念：語言不只具有傳遞信息的功能，還具有邏輯美和閱讀美的認知系統和審美價值。「Helvetica」體的剖析還有利於理解與該字體相近的中文黑體造型關係及應用。該字體在日本稱之為歌德體，擔當著近代直至當今從細明體漢字家族中脫穎而出的重要角色。一種文字在國際上廣為認同、廣泛使用，展現出一種優秀文化的自信，這對於全世界使用最多的漢字字體研究學者和文字應用工作者無疑是有啟示性的。

一款有生命的字體，一個生動傳奇的故事，願譯者的「他山之石，可以攻玉」，希望它能應驗，同為期待。

呂敬人

（清華大學美術學院，北京）

譯者序 3
李德庚

前言 9

非個人化字體，我們的現在與未來 21
阿克瑟 · 朗格（Axel Langer）

愛德華德 · 霍夫曼的日誌 99

Helvetica——對新字體的思考 128
愛德華德 · 霍夫曼（Eduard Hoffmann）

金屬活字版的Helvetica家族字級列表 137
1957 ~ 1974

字體比對 145
因德拉 · 庫普弗施密德（Indra Kupferschmid）

被淘汰了？ 167
維克托 · 馬爾塞（Victor Malsy），拉斯 · 繆勒（Lars Müller）

英文版後記 198
阿爾弗雷德 · E · 霍夫曼（Alfred E. Hoffmann）

中文版後記 200
楊林青 & 李德庚

ABCDEFGHIJKLMNOP
QRSTUVWXYZ
abcdefghijklmnopqrstu
vwxyz ßchck
ÆŒÇØŞ
æœáàâäåãçéèêëğíìî
ïijñóòôöõøşúùûü ´ ` ^ ¨ ~ °
.,:;-'„"«‹*+/ — % !?([†§&£$
1234567890

● New Haas Grotesk體Bold級，1957年。

譯者序

為什麼要出一本英文字體書？

1、英文字體已經成為當下中國視覺文化的一部分

為什麼要在使用中文的國家出一本關於英文字體的書？這也是最初我們提給自己的問題。後來才意識到，這個問題本身就有問題——我們真的生活在一個中文的國度嗎？

也許你會覺得這傢伙吃錯了藥，在胡言亂語，但想想看，今天，隨著全球一體化的展開，哪個非西方國家不是進入了一個雙語時代？現在英語已經是小學甚至幼兒園起的必修課；北京胡同裡的老外比中國人還多；打開電腦，也許界面是中文的，但系統呢？軟件呢？任何一本書的封面、一件商品的包裝、一家商店店名、一塊交通路牌——就算你想關燈睡覺，你的手指按的都不一定是「關」而很可能是「OFF」。隨著英文不斷介入當代中國人的日常生活，英文字體事實上也已經成為我們今天視覺文化的一部分。對英文字體的瞭解與研究已經成為當代中國的相關專業人士迫切去面對的課題。

2、深入瞭解英文字體才能深入瞭解英文版式設計

今天，中國的設計師不光要跟英文字體打交道，也在模仿或研究西方的排版法則，當然更多人在使用西方的排版軟件。事實上，英文字體、西方版式法則與（西式）排版軟件是彼此密切相關的，如果我們回溯歷史就會發現，排版軟件是根據西方版式法則來的，而西方版式法則又是根據英文字體的規則來的。反過來說，如果沒有對英文字體的深

入認識，就很難真正理解西方的版式法則，當然也會影響到對排版軟件的掌握。以字體的度量衡為例，為了配合人肉眼的分辨能力，英文字體的單位設定為「點」(1點相當於0.376毫米)；為了配合字體的使用，英文版式的網格基本單位也設定為「點」；為了配合已成慣例的英文字體與英文網格系統，排版軟件中也同樣接納了「點」為基本單位。於是，今天全世界的設計師無論用的是什麼文字，都必須在這個系統下工作。

今天說到的版式設計，好像是平面設計師的事。但在鉛字時代，卻大多是由排字工人來完成的，因為當時的版式構建幾乎完全建立在對字體的理解與應用的基礎之上。在字體的物質屬性褪去，成為電子代碼之後，平面設計師才完全掌握了對版式的控制權。這並不是說字體變得不重要了，恰恰相反，在鉛字時代，字體設計只有專業字體設計師和專業字體鑄造所才能做到，但現在幾乎每個西方平面設計師都能夠獨立完成，有時候僅僅是為了某個項目的需要就會設計一套字體。由於漢字構成原理與英文迴異，這個模式在中國幾乎沒有參照性，但深刻理解字體與版式之間的關係對於今天的中國平面設計師來說，依然是有明確的借鑒意義。

3、英文字體知識體系可以成為中文字體知識體系的參照

漢字和英文是完全不同的文字，由於構字原理差異很大，所以字形表現與排版規則差異也很大(比如漢字發展出書法與豎排)。但在活字技術之後，漢字的字形表現與排版規則就開始全面向英文靠攏，這種「投誠」在很大程度上是迫於技術上的壓力，而不是人文優劣比較的結果。從鉛字技術算起，鑄排、照相排版、電子排版，所有技術邏輯的背後都隱藏著英文字形及字體的人文邏輯。當漢字進入這個技術體系的時候，也就不可避免地接受了英文的規則與邏輯：首先是字體的概念，以「體」的變化來給字形增加差異性；正文字體也參照英文的襯線字體與無襯線字體的分法，衍生出細明體與黑體兩個體系；近年來又引入了英文的字族概念，細化出級數(Regular、Bold、Light等)，為的是在保持視覺風格統一的前提下，適應不同信息表達的需求。

事實上，無論你是否贊同中文向英文字體體系靠攏的這種發展方向，這都已然是擺在我們面前的現實了。除非中國在相關技術上取得

根本性突破，才有可能開闢出全新的路徑。我們無法預知未來，但對於當下中文字體的開發與應用來說，全面深刻地瞭解英文字體都有益無害，早年的日本就已經是個成功的例子了。

為什麼是這本書?

1、全面地介紹了無襯線字體的緣起、成長與社會意義

這本書關注的是無襯線字體。無襯線字體最早出現在19世紀早期，當時只是被人看作是對襯線字體進行了拙劣改造後的「醜八怪」；直到一個世紀之後，無襯線字體才真正開始發揮社會影響力，從包豪斯到瑞士國際主義，從歐洲到美國，再到全世界，它與工業化、理性主義、民主與平等觀念、商業全球化等都有著千絲萬縷的聯繫，可以說，無襯線字體參與了20世紀西方世界(甚至是全世界)所有的重大社會演變與歷史變遷，並隨之成長與豐富起來。本書雖然通篇都在講無襯線字體，卻沒有把它孤立為一個專業事件來看，書中提供了非常全面而豐富的社會視角與相關歷史資料，希望借助真實的社會生態來幫助讀者全面、系統地瞭解無襯線字體的緣起、成長及社會意義。

2、詳盡地羅列了一套成功字體的全部設計進程及社會影響

這本書雖然涉獵內容很多，但焦點只有一個：以Helvetica體為案例，非常詳盡地講述了方方面面的細節，向讀者全景式地展現了一套成功字體的設計進程及社會影響。在Helvetica體創作的初期，兩位創作者身處異地，所有的討論與修改都是通過信件、草圖與批注來完成的，通過這些原稿，讀者就有機會完整地體會兩位創作者的創作心路，對於字體設計師，這無異是一片寶藏；對於平面設計師，也大有裨益，從中可以大大增進對字體的認識，強化對字體的應用能力。

此外，Helvetica雖然誕生於手工排版的鉛字時代，但經歷了古登堡在西方發明活字之後到今天數碼技術幾乎全部的重要技術變革，每一次變革都給字體帶來了新的變化，我們今天使用的是數碼版的Helvetica，它與手工鉛字、機器鉛字、照相製版的Helvetica都有所不同。書中全面展示了不同版本的Helvetica，從這些版本的對比中，我

們也可以領略技術對於字體進化的深刻影響。

3、系統地整理了字體設計及應用的相關術語與基礎知識

在中國，現代意義上的字體設計還是個新生兒，缺少好的字體只是表面現象，更深層的問題是平面設計師與字體設計師對於字體認識的不足。維特根斯坦說：「語言的界限就是思維的界限。」沒有相關的字體基礎知識與術語系統，我們就缺乏有效的工具去認識與研究字體。英文的現代字體發展相對成熟，已經建立起了完善的認知方法與語彙體系，如果能把這個體系介紹給中國讀者，將對大家創作與應用字體產生極大的幫助。因此，在這本書的翻譯和再編輯過程中，我們特別注意了對字體術語與字體基礎知識的整理，條件所限，可能這個工作還不夠完善，但我們也相信它會對字體愛好者產生一定幫助，同時也為日後中國的字體知識體系建立起到一些鋪墊作用。

為什麼焦點是Helvetica？

在平面設計界有一個廣為流傳的玩笑：「如果你不知道該用什麼字體的時候，就用Helvetica吧。」雖是玩笑，但也可以看出，這款字體有多麼優秀與普及。阿德里安·弗倫提格（Adrian Frutiger）揶揄它跟牛仔褲是一類，艾里克·斯皮克曼（Erik Spiekermann）則把它跟可口可樂相比。一款字體竟然成為了流行文化的一部分，這是多麼令人難以想像！

Helvetica誕生於第二次世界大戰後的瑞士，出於對戰爭的反思，當時整個西方世界都開始追捧瑞士的國際主義風格，Helvetica也因此而受益。由於得到了著名設計師如奧托·艾捨爾（Otl Aicher）、馬塞莫·維吉內利（Massimo Vignelli）的親睞與推介，很多跨國公司都選用Helvetica作為公務字體，其中包括蘋果、微軟、英特爾、寶馬汽車、Jeep、漢莎航空、美國航空、哈雷摩托、雀巢奶粉、巴斯夫、愛克發、3M、愛普生、摩托羅拉、豐田、三菱、三星、松下等等。與Helvetica扯上關係的平面設計師幾乎就是一部完整的60年代以來的平面設計史，除了上述的幾位設計大師，這份名單還包括：Josef Müller-

Brockmann、Günter Rambow、Wolfgang Schmidt、David Hillman、Alan Fletcher、Pippo Lionni、Cornel Windlin、Gert Dumbar、Experimental Jetset……

Helvetica的成功雖有幸運相伴，但也是一種必然。它中性、零風格，在全球化體系中不太會跟各種地域文化產生衝突；它莊重、緊緻而通俗，能夠同時符合跨國公司的外在與內在的不同需求；它低調、不張揚、細節考究，給了設計師自由的表現機會；它簡潔、直率、清晰，適合用於各種功能符號，或者結合於建築與公共設施上。

一套字體終究在社會應用中才能檢驗出它的價值，發現它的潛力。而成為一本傳記，更需要豐富的故事與閱歷，就此而論，還有哪款字體比Helvetica更適合出現在這裡呢？

這本書給中國讀者講述英文字體的故事。都說「他山之石，可以攻玉」，希望它可以應驗！

李德庚

2012年7月於北京

● Helvetica體Poster Bold級，1965年。

A typeface becomes a star, one that supposedly has no character, that is neutral, almost laissez-faire, and so ubiquitous as to be virtually invisible. An anachronism.

These are the qualities that have ensured a career and enduring popularity for Helvetica, which easily rivals that of Bob Dylan and Coca-Cola. Now, half a century after its birth, it is possible to see exactly how much Helvetica really was a child of its time. The growing confidence in

Europe in the 1950s and the approaching economic boom were the results of step-by-step politics. To make the good better was a worthwhile undertaking. Helvetica's success was rooted in this pragmatism—and in the glorification of its origins, which did not refer to its creator, but rather to a nation and its legend of a neutrality that was adopted as a recommendation and an argument in favor of the typeface.

Is Helvetica anonymous

and neutral, does it lack character? This book proves the opposite. As shown in documents published here for the first time, Max Miedinger and Eduard Hoffmann had the vision and determination to create a typeface whose composure and normality are more refreshing now than ever before and whose letterforms are of a pleasingly willful beauty.

Helvetica, as an aesthetic constant, mastered the quantum leap in 1957 from metal type to the digital age of word processing. A fact that speaks for itself.

The Publishers

一款字體居然成為了明星！被認為沒有任何特點、本屬中性，卻適用於任何環境，應用極廣，無處不在。這是一個跨時代的傳奇。

Helvetica 能夠恆久流傳，並廣為人接受，正是由於具備了上述這些特質，似乎這同樣也是鮑伯・狄倫（Bob Dylan）和可口可樂成功的重要原因。如今，在 Helvetica 誕生半個世紀之後，我們才清楚地看到：為什麼Helvetica具有如此長久的生命力？在20世紀50年代，歐洲剛剛一步一步經歷了穩定的政治改革，開始進入經濟高速發展期，整個歐洲的自信心同時也在不斷增強。人們都非常務實，力圖在「好」的基礎上做得「更好」。Helvetica的成功根植於當時的這種實用主義之上，也體現了人們對這套字體的「源頭」的認同與讚美——不是指創作者本人，而是指一個始終保持著中立的國家（瑞士）——這本身就是一個傳奇。這款字體為這個國家的態度與觀點進行了完美的詮釋。

Helvetica過於平凡和中性，會不會因此而欠缺了一些特色呢？本書向大家展示的是完全相反的另一個事實。通過大量從未出版過的珍貴文獻，我們將看到馬科斯・米丁格（Max Miedinger）和愛德華德・霍夫曼（Eduard Hoffmann，1892 - 1980）是以怎樣的視野與決心來創作這款傳奇字體。直到現在，這款字體所透出的冷靜沉著、樸實平凡比以往任何時候都具有致命的吸引力。每個字形都散發出令人愉悅的、十分固執的美麗。

Helvetica，代表了一種美學意義上的永恆，從金屬活字向電子時代轉換期間問世，其劃時代意義不言自明。它創於1957年，它的出現成為了字體設計史上的一個量子式突破和里程碑事件。

出版者（Lars Müller Publishers）

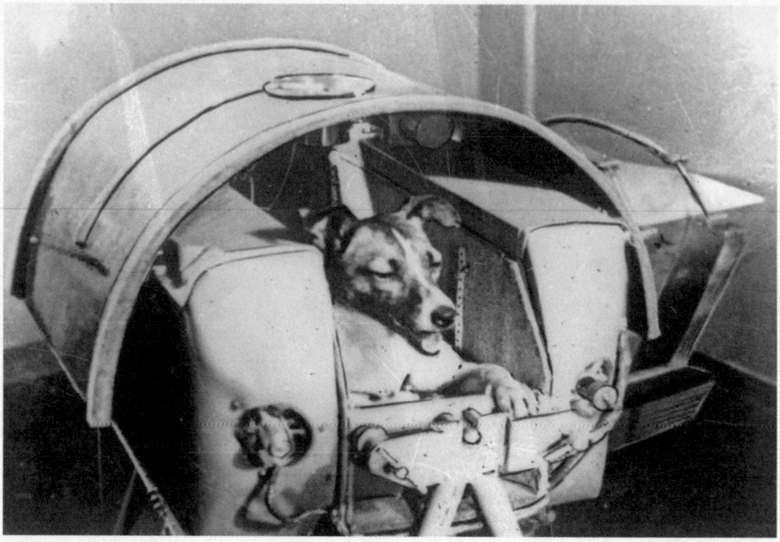

1

2

3

● 1950 s

1、萊卡犬（Laika），第一個進入太空的地球生物，在人造衛星2號艙內，1957年9月15日。

2、尖叫的粉絲們，貓王（Elvis Presley）演唱會，美國圖泊洛市，1957年。

3、卡拉維爾（Caravelle）機型準備起飛，1959年。（Air France Collection.DR）

4、一台IBM生產的大容量電腦，像一間屋子那麼大，大約1960年。

5、布魯塞爾世界博覽會的巨型原子球雕塑，1958年，作為冷戰時期核能發展與民用的重要標誌。

4

5

6

7

8

9

10

● 1950 s

6、曼哈頓的西格瑪大廈，由密斯·凡·德羅（Mies van der Rohe）和菲力浦·詹森（Philip Johnson）設計，一個現代主義的標誌，1958年。

7、1959年的家庭生活——躺椅、弧形的桌子和落地燈。

8、哲·古華拉（Che Guevara）的革命演講，大約1959年。

9、勒·柯布希耶（Le Corbusier）設計的朗香聖母院教堂（Notre-Dame-du-Haut），法國東部朗香附近，1955年。

10、雪鐵龍（Citroën）ID 19型汽車，1957年。

11

12

● 1950s

11、行動繪畫，傑克遜·波洛克（Jackson Pollock）在繪畫中，1949年。

12、摩納哥萊納王子（Prince Rainier）與好萊塢明星格蕾斯·凱莉（Grace Kelly）的夢幻婚禮，1956年4月18日。

13、經濟高速發展，德國魯爾區的交通堵塞情況，1959年。

13

“An Impersonal Typeface for Today and Tomorrow.” EH

Axel Langer

「非個人化字體，我們的現在與未來。」

阿克瑟．朗格

1950年，愛德華德·霍夫曼（Eduard Hoffmann）打算為瑞士市場做一款新的無襯線字體。從此，他翻開了漫長的職業生涯中最輝煌的篇章。這款字體由哈斯鑄字公司（Haas' sche Schriftgiesserei AG）發行，後來被命名為Helvetica。當時，就連霍夫曼本人都沒有預料到，這款字體將會征服全世界。因為它既能適用於各種高級品牌，也能適用於各種小生意；它經常出現在高雅的平面藝術設計作品中，也常出現在設計得很爛的商品冊上。或者說，它將會成為一種範式。霍夫曼作為一位具有極高的專業水準和職業素養的設計師，當時已經清楚地意識到瑞士的字體設計正在醞釀一場革命，一種全新的、顛覆性的設計趨勢已經開始浮現。同時身為一個商人，霍夫曼也注意到了無襯線字體在商業世界中扮演的角色越來越重要。舉個更現實的例子，由柏林字體公司伯濤德（H. Berthold AG）開發的一款無襯線字體——Akzidenz Grotesk體，已經取得了巨大的商業成功。霍夫曼需要想清楚：如果自己也開發一款新無襯線字體，還能夠取得同樣的成功嗎？

在愛德華德·霍夫曼準備去實施他的計劃之前，哈斯鑄字公司在1943年就曾經開發過一款無襯線字體叫做Normal Grotesk，這款字體在戰後曾取得相當大的成功。[1]所以，霍夫曼面臨的挑戰是，印刷商們是否還有興趣去再為一款新的無襯線字體買單。要知道，當時的情況跟今天完全不同。今天，只要輕輕點一下滑鼠，就可以從網路上下載全套字體家族。每個平面設計師的電腦中儲存的字體數量比過去任何一家印刷廠的都多。在那個使用金屬活字的年代，人們必須非常審慎地考慮是否值得開發一款新的字體。一套完整的字族就有幾千個活字，昂貴、沉重、而且不便攜帶。1954年，一個中等規模的印刷廠如果想滿足客戶的基本要求，所需要的無襯線字體的金屬活字加起來重達791公斤，總價是11,390.70瑞士法郎。如果需要一些比較特別的、個性化的字元，還得額外支付1,500到2,000瑞士法郎。[2]對於任何人，這都會是一筆非常重要的投資——這在當時相當於購買兩輛大眾甲蟲車的價錢。[3]

霍夫曼並沒有馬上動手，而是等到了1956年。當時，字體市場的競爭比早先更加激烈，由柏林字體公司伯濤德開發的無襯線字體——Akzidenz Grotesk體在設計圈已經非常流行，平面設計師紛紛向出版與印刷機構推薦使用這款字體。與此同時，瑞士進口的金屬活字總量劇增，已經是哈斯公司鑄字總量的7倍還多。[4]除了伯濤德公司之外，奧地利維也納的伯濤德與斯滕貝爾公司（Berthold & Stempel Ges.m.b.H.）也在通過他們設在瑞士的分公司向瑞士兜售字體產品。此外，巴塞爾附近的一家小字體公司Neue Didot AG也慢慢成長起來了。讓霍夫曼更加沮喪的是，這家小公司在伯濤德公司的Akzidenz Grotesk體的基礎上進行了改造，並打算以更低的價格出售。這種看似荒謬的山寨行為在當時卻不會得到法律的懲治，因為關於字體的版權法是在1973年才頒佈的。[5]在總結了上述字體市場的現狀之後，霍夫曼表明了自己的商業態度和設想，「為了保護我們自己的市場份額，在這些十九世紀末創造出來的成功字體字形的基礎之上，我們必須再創造一款全新的無襯線字體。」他接著指出，「應該優先考慮的是New Grotesk體。」[6]

接下來霍夫曼開始聯繫馬科斯·米丁格（Max Miedinger），米丁格曾經在1946到1956年之間擔任過哈斯鑄字公司的推銷員，後來在蘇黎世成立了自己的工作室，做廣告顧問和平面設計師。霍夫曼這位前老闆早就發現了他在「字體造型方面很有天賦」，而且他也擁有這方面的基礎知識與技巧，霍夫曼甚至斷言「他就是那個為哈斯公司開發新字體的人」。[7]作為廣告顧

1. 愛德華德·霍夫曼（Eduard Hoffmann），《為什麼哈斯公司要創作一款新無襯線字體》（*Warum Haas-Münchenstein eine neue Groteskschrift schuf*），未公開的文稿，1969年1月6日，第1頁。
2. 漢斯·弗格勒（Hans Vogler），〈一款適合中型印刷廠的字體〉（Die Schriften einer mittleren Druckerei），*Typis*，第3輯（1954年6月3日），字體特別專輯，第74頁。這些數字僅僅是指無襯線字體，還不包括襯線字體，在那時襯線字體的數字更大，幾乎是所有字體的總和。
3. 在1959年，一輛大眾甲蟲車（Ovali Beetle 1200「de luxe」）售價6,425瑞士法郎。
4. 愛德華德·霍夫曼，《這個與那個：從哈斯公司的歷史說起》（*Dies und Das: Aus der Geschichte der Haas' schen Schriftgiesserei vor und seit meinem Eintritt, 1917 bis zum Jahre 1965*），未公開的文稿，未註明出版日期，第52頁。
5. 威尼斯協議，1973年6月12日。
6. 霍夫曼，《這個與那個》，第52頁。
7. 霍夫曼，《這個與那個》，第51頁。

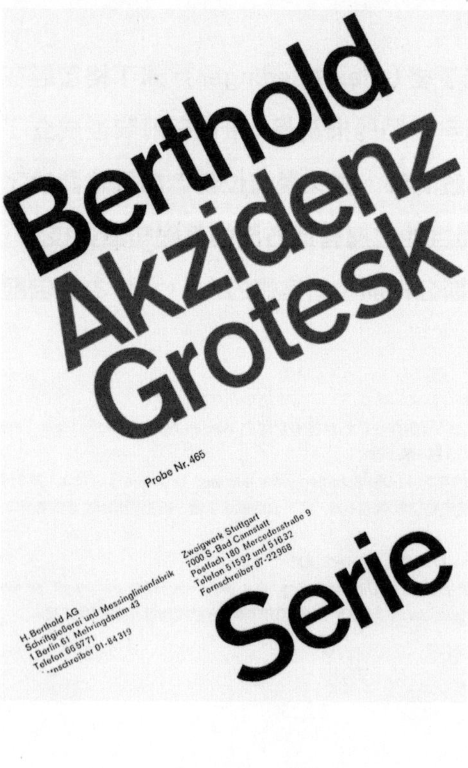

Berthold
Akzidenz
Grotesk
Probe Nr. 465
H. Berthold AG
Schriftgießerei und Messinglinienfabrik
1 Berlin 61 Mehringdamm 43
Telefon 66 57 71
rnschreiber 01-84 319
Zweigwerk Stuttgart
7000 S-Bad Cannstatt
Postfach 180 Mercedesstraße 9
Telefon 51592 und 51632
Fernschreiber 07-22968
Serie

● 裝滿了鉛字字模的排字車間（Orell Fuessli印刷公司，蘇黎世），大約1960年。（上圖）

● 由伯濤德公司開發的Akzidenz-Gotesk體是瑞士最通用的無襯線字體。它為New Haas Grotesk體樹立了一個成功的榜樣。（下圖）

問的經歷讓他能夠更好地瞭解客戶的需求，而作為設計師，他則具備親自動手開發字體的能力。早在1954年，他就曾為漢斯公司開發過一款大寫字體，叫做Pro Arte體，也曾出現在公司的字體產品目錄中。幾年後，霍夫曼還在《字體月刊》(*Typographische Monatsblätter*)上寫過一篇文章，稱讚這款字體「比例關係很均衡」[8]。

在最終確定新字體的發展方向之前，他們先去諮詢了一流的瑞士平面設計師，另外他們也很重視巴塞爾的化工巨頭嘉基(J. R. Geigy AG)的廣告部門的意見。最後，他們決定不再沿襲像Erbar體、Futura體或者Gill Sans體等這些字體的創作方式，不再追求個性獨特的字體造型，而是打算走一條相對簡潔、樸素、低調的路線。同時，他們還選擇了幾款無襯線字體作為參照，其中包括伯濤德公司的Akzidenz Grotesk體的semibold級、1890年出來的Schelter Grotesk體[9]以及1943年出來的French Grotesk體[10]和Normal Grotesk體[11]，這些字體的金屬活字都可以在哈斯公司找到。

創作日程

1956年秋，米丁格開始著手創作，他打算先從20磅字號、semibold級入手。10月初他就設計出了從A到Z的所有大寫字母草樣，並把它發給霍夫曼。當時，通用的方式是在手繪草圖中把每個字母的高度都設定為10厘米，然後通過照相技術縮小到20磅大。在發給霍夫曼的草圖的首頁上，米丁格還特意註明了這款新字體比以往任何字體「看上去更粗野了一點」。[12]但是，

8. 愛德華德．霍夫曼，〈從1942年起哈斯字體鑄造所的字體設計／門與斯泰因／巴塞爾〉(Das Schriftschaffen der Haas' schen Schriftgiesserei, Münchenstein/Basel, seit dem Jahre 1924)，《字體月刊》(*Typographische Monatsblätter*)，第4輯(1960年4月)，第218頁。
9. 阿爾伯萊希特．謝曼(Albrecht Seemann)，《字體手冊：德國的字體鑄造所創作的字體名錄，以類別區分》(*Handbuch der Schriftarten: Eine Zusammen-stellung der Schriften der Schriftgiessereien Deutscher Zunge nach Gattungen geordnet*)，萊比錫，1926年，第202頁。
10. 霍夫曼，《為什麼哈斯公司要創作一款新無襯線字體》，第2頁。
11. 霍夫曼很少想到Normal Grotesk體，因為他從未在文稿或筆記中提到它。相反米丁格卻曾用它來作為參照點，這從他在1956年10月5日寫給霍夫曼的信中就能得到證明。
12. 馬科斯．米丁格(Max Miedinger)寫給愛德華德．霍夫曼，1956年10月5日。

由於種種原因，他自己對最初的手稿並不太滿意，在信中，他自己就列舉了多條修改意見。(見38頁)霍夫曼很快給他回了信，寫道：「我們更希望您能從單詞『Hamburgers』(漢堡)開始，這是字體公司做字體草樣最常用的單詞樣本，這個單詞中基本上包含了一套字母的所有變化。」[13]之所以提出這樣的要求，霍夫曼一方面希望能拿新字體直接跟Akzidenz Grotesk體比對，另一方面，也希望拿這個設計草樣去徵詢弗雷茲·比勒(Fritz Bühler)的意見。比勒的工作室在巴塞爾，當時主要為製藥業巨頭汽巴(Ciba)提供設計服務。霍夫曼認為像比勒這樣的設計師(包括那些為化工巨頭嘉基做設計的人)的意見「至關重要」，[14]並且把他們的意見當成新字體設計所必須遵照的重要標準。這些專家都確信，如果能開發出一款不帶任何裝飾性、完全樸素的字體，一定會受到設計師的熱捧。[15]這些專家在業內有巨大的影響力，他們喜歡與否直接關係到一款新字體的成敗。得到他們的認可，就意味著新字體有很大的機會被選為大公司印刷廣告的專用字體，也意味著那些大型印刷廠會購買哈斯公司的這款新無襯線字體。

一款字體，兩位父親

儘管在最初的時候，霍夫曼和米丁格都互相恭維對方是多麼的「友善」[16]，但在新年伊始，兩人的性格差異就開始暴露出來了。當時米丁格非常興奮，因為哈斯鑄字公司已經開始把他的設計付諸實施了，所以在1956年的新年除夕他就宣佈，等新字體的Bold級完成之後，就開始設計Regular體，這樣就能趕上來年6月在盧塞恩舉辦的「Graphic 57」博覽會。除了Bold體之外，還能夠同時展示Regular級的8磅和10磅這兩種字號。而霍夫曼則另有穩步發展的長期計劃，他只想在盧塞恩向公眾有效地展示新字

13. 愛德華德·霍夫曼寫給馬科斯·米丁格，1956年10月6日。

14. 愛德華德·霍夫曼寫給馬科斯·米丁格，1956年10月6日。

15. 同樣參見霍里斯(Richard Hollis)所著的《瑞士平面設計：一種國際風格的形成，1920-1965》(*Schweizer Grafik: Die Entwicklung eines internationalen Stils, 1920-1965*)，巴塞爾，2006年，第162-163頁。

16. 馬科斯·米丁格寫給愛德華德·霍夫曼，1956年12月31日。

● 馬科斯．阿方斯．米丁格

馬科斯．阿方斯．米丁格（Max Alfons Miedinger）

1910年12月24日生於蘇黎世，1980年3月8日卒於蘇黎世。1926年完成學業之後，馬科斯．米丁格被送去位於蘇黎世的博曼印刷廠（Jacques Bollmann）當學徒，學習排字。從1930到1936年期間，他在多家公司做過排字工人，並同時在蘇黎世的夜校學習。從1936年起，他在Globus（蘇黎世一家著名的百貨公司）的廣告部門做排版設計。從1946年起，他移居到門興斯泰因，在哈斯鑄字公司做字體銷售員。

1954年，創作了他的首款字體Pro Arte，這是一款自身縮窄的厚襯線字體。1956年米丁格返回蘇黎世，像小他兩歲的弟弟格哈德一樣，做起了自由廣告顧問和平面設計師。哈斯鑄字公司的總經理愛德華德．霍夫曼發現了他在字體創作上的天賦，委託他設計一款無襯線字體New Haas Grotesk。1965年Horizontal體問世，這是他為哈斯公司設計的第三款也是最後一款字體。

● Pro Arte體

● Horizontal體

體的推進情況。米丁格滿懷熱忱，設計了4頁A4開本的字體宣傳單[17]，但霍夫曼認為他的樂觀有些過早，所以否定了他的提議，說道「我並不贊成你現在就繼續做其他級的字體，我們必須先把一種磅數的Bold級生產成鉛字。宣傳品上將使用這款字體，如果測試結果證實了大家都喜歡，那我們再接著開發Regular級。」[18]

這個決定是非常務實的，基於多年擔任公司領導的經驗，霍夫曼非常清楚在開發全套字體之前還有很多工作要做。手繪的單個字母草樣只是第一步，前面還有很多障礙等著呢，因為「早就有實踐表明，在真正上印刷機之前，是無法客觀、準確地評估出一款字體是否成功。你會驚奇地發現，一個字母的字形在這個單詞中很出色，但在另一個單詞中卻不是那麼回事了。遇到這種情況，你就不得不重新考慮，通常最後都需要在各種字母配比中取得妥協與平衡。」[19]

因此，新一年的最初幾個月都用在調整每一個字母的字形上，每個字母的字形都經過反覆的修改，微調也是一次之後再來一次。每個字母都得先刻出一個銅樣，然後在縮放機上按照比例縮小製作銅模，銅模的負形就是最後用來澆鑄「金屬活字」的模具。每個字母和字元都需要經歷這樣一套複雜的程式。需要說明的是，每一次字形修正之後，字樣和字模都需要再重做一次。這對技術人員來說，每一次都意味著4到7個小時的工作量。

首先，單個金屬字模的寬度需要先確定下來，因為它將會決定字母的間距，也會影響到整個字體的美學觀感（見44頁）。經過兩次討論之後，愛德華德．霍夫曼同意米丁格的建議，壓縮了字母間距。在當時，擴大x高度（也就是字幹）和壓縮字母間距是字體設計的主流趨勢。霍夫曼則有自己的看法，他認

17. 馬科斯．米丁格寫給愛德華德．霍夫曼，1956年12月31日。
18. 愛德華德．霍夫曼寫給馬科斯．米丁格，1957年1月3日。
19. 愛德華德．霍夫曼，〈關於New Haas Grotesk體的創作〉（Vom Werden der Neuen Haas-Grotesk），《字體月刊》，第6/7輯，（1958年6/7月），第370頁。

● 愛德華德 · 霍夫曼

愛德華德 · 霍夫曼(Eduard Hoffmann)

1892年5月26日生於蘇黎世，1980年9月17日卒於巴塞爾。大學畢業之後，愛德華德 · 霍夫曼迷上了飛機製造，繼續在蘇黎世、柏林和慕尼黑學習技術與工程方面的知識。1917年，他開始在哈斯鑄字公司工作，他的舅舅馬科斯 · 克拉耶(Max Krayer，1875 - 1944)當時正擔任該公司的總經理。這裡的知識是他從未學習過的，他投入了極大的熱情，完全把版式設計和字體設計當成他新的發展方向。

1937年，他成為了公司的聯合經理人，跟他的舅舅平級。1944年他的舅舅去世了，霍夫曼成為了唯一的經理人，直到1965年退休。1951年他的兒子阿爾弗雷德 · 霍夫曼也加入了公司，成為了他的得力助手，並從1959年開始擔任副總經理，1968年接任總經理。

愛德華德 · 霍夫曼非常熱愛藝術與音樂，在形式和美學上具有極佳的感覺。正是因為他同時擁有專業的判斷力和商業技巧，才使得哈斯鑄字公司在他領導期間所開發的數十款字體都獲得了成功，其中最著名的字體當屬New Haas Grotesk，後來重新命名為Helvetica。

1971年，愛德華德 · 霍夫曼與紙業專家弗里茲 · 楚丁(W. Fritz Tschudin)、歷史學家阿爾伯特 · 布魯克納(Albert Bruckner)一起成立了巴塞爾紙業基金會，旨在建立一個印刷工藝的博物館。1980年博物館終於落成，坐落在萊茵河畔的吉列根工廠。博物館最吸引人的收藏當屬愛德華德 · 霍夫曼所捐獻的完整的哈斯公司的歷史資料。

● 阿爾弗雷德 · 霍夫曼(右)和安德雷 · 古特勒(Andre Gurtler)，約1972年。

阿爾弗雷德 · 霍夫曼(Alfred E. Hoffmann)

生於1927年5月14日。在哈斯鑄字公司實習之後，阿爾弗雷德 · 霍夫曼在紐約的哥芬印刷公司(Geffen, Dunn & Co.)找到了一份工作，職位是程式處理員和質檢員。從1959年起回到瑞士之後，他開始擔任哈斯鑄字公司的副總經理，並在1968年成為總經理。除了銷售字體和指導廣告活動，他還負責包括Helvetica在內的所有哈斯公司字體的全球推廣活動，從1972年起還接手了德伯尼 · 佩諾公司(Deberny & Peignot)的字體推廣。幾年後，他開始在國際排版協會中任職，並起草了一部保護字體版權的法律，這部法律在1973年獲得通過。

1989年，萊諾公司(Linotype GmbH)成為了哈斯公司的大股東，承接了哈斯除了鑄字部門之外的所有權限，該部門後來也併入了瓦爾特 · 弗倫提格(Walter Fruttiger AG)公司，阿爾弗雷德 · 霍夫曼也正式退休了，把餘下的精力全部獻給了紙業博物館。

為「通常來說，今天的排版設計要求字體能在一個單詞內形成視覺上的統一性。而傳統的字體創作規律，是字母『m』中的筆劃空間間隔應該與字母間距保持一致，這個規律已經落伍了。」[20]米丁格第一次打破了這條鐵律。

愉快的信件反覆往來

1957年的3月和4月完全用在完善字體的細節上，兩位主創的意見交換主要是通過信件來實現。修正過程中選擇的樣本摘自於一些象形詩中的名字(見107頁)。通過分析這些名字的視覺觀感，設計師們可以重新審視單個字母之間的空白，然後在單詞中進行改進。就是在這樣緊密的工作中，霍夫曼第一次明確表達了他對這款字體的讚賞：「這款字體看上去很棒！」兩周後，他把法蘭克福鮑爾鑄字公司研發的新Folio Grotesk體發給了米丁格來進行比對，同時他也掩飾不住內心的驕傲，說道：「我們的字體更棒！」[21]除了越來越確信這款New Haas Grotesk體將會大獲成功之外，霍夫曼也還沒有忘記向羅伯特・比赫勒（Robert Buchler）請教。比赫勒是巴塞爾商業學院的教授，他與艾米・路德（Emil Ruder）一起創立了《字體月刊》（*Typographische Monatsblätter*），這本刊物當時在業內非常有影響力。[22]比赫勒的意見很具體，說大寫字母的W和M有些問題，這也正是一直困擾霍夫曼和米丁格的地方，因為他們也一直算不準斜筆劃應該是多粗才合適。霍夫曼把比赫勒的意見原封不動地轉發給了米丁格。此外，比赫勒還指出「其他的幾個字母中如Q、R、K的問題就更嚴重了」。[23]這點霍夫曼和米丁格並不完全接受，他們重視這位來自巴塞爾的平面設計家和版式專家的看法，但並不認為他總是對的。

時間接下來就到了5月7日，當他看到了這款字體最後的樣本時，即刻給它命名為「New Haas Grotesk bold，20磅」，並用國際化的城市名稱(見116頁)作為文字樣本來展示字體。霍夫曼說：「這下所有的字母都應該妥當了。」就在說完這話不久，就像前幾次一樣，他又提出了更多的建議和想法要米丁格去修改。這種反覆的修改一直持續到深秋，尤其是關於大寫字母「R」，這是米丁格自己要求的。而霍夫曼卻希望他能進行全面的調整，而不要把精力完全放在單個字母的細節上。在11月10日，霍夫曼收到了米丁格寄來的關於「R」的四個不同樣本，用於比對右下角的斜筆劃的不同處理。[24]霍夫曼回信說道「我們這就挑選其中最佳的一個『R』來做銅樣，希望這次大家都會滿意。」[25]在「Graphic 57」博覽會上正式發佈了新字體之後，小寫字母「a」還又進行了一次調整，字母中間的那個字谷修正為向上的水滴形，這也賦予了「a」更多的特色。

正式發佈

新字體選擇在「Graphic 57」博覽會上正式對外發佈。「Graphic 57」每年6月1日到16日在盧塞恩舉辦。據官方統計，展區有4萬平方米，參展商有550多家，是瑞士最早的國際博覽會。參觀者既有專業人士也有愛好者，參觀人數多達23萬。用於宣傳的產品目錄總共需要19,000份，[26]所以米丁格的工作非常辛苦，除了還在修改字體之外，從1月起就開始準備展位的搭建工作[27]，同時還要準備宣傳用的各種印刷資料，其中包括一本發佈這款新無襯線字體的宣傳冊。[28]這本宣傳冊採用雙面印刷，頁面上有熱烈、鮮活的色塊，並有德語和法語兩個版本，展示了這款新字體目前所有的三種不同磅數的字號。

~~~~~~

20. 霍夫曼，〈關於New Haas Grotesk體的創作〉，《字體月刊》，第370頁。
21. 愛德華德．霍夫曼寫給馬科斯．米丁格，1957年3月22日。
22. 霍里斯，《瑞士平面設計》，第197-198頁。
23. 愛德華德．霍夫曼寫給馬科斯．米丁格，1957年3月22日。
24. 馬科斯．米丁格寫給愛德華德．霍夫曼，1957年11月10日。
25. 愛德華德．霍夫曼寫給馬科斯．米丁格，1957年11月11日。最終「R」在11月27日定了下來。
26. 《字體月刊》，第10輯（1957年10月），編者的話。
27. 愛德華德．霍夫曼寫給馬科斯．米丁格，1957年1月3日：「Graphic 57：我們在等待您關於展示櫥窗的詳述」，關於米丁格的展位設計，見霍夫曼的《這個與那個》，第52頁。
28. 在1957年5月28日印製的除了這些聲明材料之外（參見「霍夫曼的Helvetica剪貼冊」，第16頁），同時還包括了一份普通的公司宣傳冊以及一份關於「Vertical」體的宣傳手冊，這是一款字身很窄的古典粗體字體，在1955年哈斯公司（Haas）的字模師擁有它原初的字模之後對其進行了再次改造。同樣參見霍夫曼《字體創作》，第218頁。
~~~~~~

真是無巧不成書，在參展商中還有另一個重要的名字——法國德伯尼和佩諾鑄字公司，他們這次是來發佈由阿德里安·弗倫提格（Adrian Frutiger）設計的無襯線體Univers。這次展會不僅成為了現代字體設計中的兩位傑出代表對決的舞臺，同時也給了那些有眼光的觀察者一個縱覽字體設計歷史與未來的機會。一方面，傳統的手工金屬活字需要8個月才能製作出來；另一方面，就像Univers體所展示的那樣，整個字族包含了21種不同級數的字體，可以用於照相製版和鉛字排版，總共需要幾年的時間。對於哈斯團隊來說，這個對手並不是突然冒出來的。早些時候弗倫提格就曾給霍夫曼展示過他的這個項目，霍夫曼在3月底給米丁格的信中也曾提到「我們很高興看到由路德和弗倫提格設計、德伯尼和佩諾公司出品的這款新無襯線體即將付諸生產。」[29]另外，在展覽開幕的一個月前，艾米·路德在《字體月刊》上發表了一篇文章〈Univers——由阿德里安·弗倫提格設計的新無襯線體〉。[30]在這篇文章裡他把Univers介紹得非常詳實，這也間接掀起了在Univers和Helvetica之間的一場無聲的戰爭，一直持續了數年。

29. 愛德華德·霍夫曼寫給馬科斯·米丁格，1957年3月22日。

30. 艾米·路德（Emil Ruder），〈Univers——由阿德里安·弗倫提格設計的新無襯線體〉（"Univers", eine Grotesk von Adrian Frutiger），《字體月刊》，第5輯（1957年5月），第367-374頁。

● 除了在完成New Haas Grotesk體的工作之外，馬科斯．米丁格還設計了在1957年盧塞恩博覽會上用的宣傳印刷資料和發佈會現場。現場公司名稱的大字當然就採用了New Haas Grotesk體。愛德華德．霍夫曼（帶黑領帶者）和阿爾弗雷德．霍夫曼（穿深色西裝，手裡端著杯子）在照片中的人群的右側。

● Graphic 57博覽會的宣傳郵票

哈斯鑄字有限公司

The Haas Typefoundry Ltd.

當哈斯鑄字公司在1989年關閉的時候，它已經運行了409年，是世界上最長壽的字體公司。它的歷史要追溯到1580年，當時，簡·艾克瑟蒂爾（Jean Exertier）和亞奎斯·福雷特（Jacques Foillet）在巴塞爾開設了一家印刷廠。在艾克瑟蒂爾去世後，來自Delemont的約翰·亞可布·哥那特（Johann Jacob Genath，1582-1654）接手了公司並專門成立了鑄字公司，隨後成為一門獨立的生意，由哥那特的兒子約翰·魯道夫一世（Johann Rudlf I，1638-1708）來負責。1718年，來自Nuremberg的約翰·威廉姆·哈斯（Johann Wilhelm Haas，1698-1764）開始為哥那特的孫子約翰·魯道夫二世（1679-1740）工作，公司開始走向興旺。除了21種襯線體（Roman）和斜體（Italic）的字母之外，很快他們在字體的字母表中加入了希臘字母。1740年約翰·威廉姆·哈斯接手公司並改名為哈斯鑄字公司。接下來哈斯公司在他的兒子大威廉姆·哈斯（1741-1800）和孫子小威廉姆·哈斯（1766-1838）手中興旺起來。1770年，哈斯公司已經創作了110種不同的字體，甚至包括了阿拉伯文字母，這是小威廉姆·哈斯和一位叫哈根塔爾（Hagenthal）的猶太學者一起創作的，後來他們還加入了希伯來文字母。這時，哈斯的客戶已經包括了瑞士、阿爾薩斯、南德（比如像Cotta和斯圖加特）的大多數一流印刷廠，甚至，還有一些來自米蘭、維羅那、巴黎和俄羅斯的印刷廠。

從1838年起公司開始走下坡路，直到1903年馬科斯·克拉耶（1875-1944）接手公司。1917年，他的外甥愛德華德·霍夫曼（1892-1980）也加入了哈斯公司，並在他去世後接掌公司。1921年，公司從巴塞爾搬到了門興斯泰因的一棟現代廠房中。1927年，哈斯公司由一家家族企業改組為一家股份公

● 鑄模車間全景，1943年。

司，法蘭克福的斯滕貝爾公司和柏林的伯濤德公司各自收購了哈斯公司45%的股份。第二次世界大戰後直到1954年，德國與瑞士的交流中斷了，德國在瑞士的資產被凍結。在50年代中期，股份被重新配置，伯濤德公司退出了一部分股份，斯滕貝爾公司的股份增長為51%，其餘的49%還在瑞士人手裡。

1951年愛德華德·霍夫曼的兒子阿爾弗雷德·霍夫曼加入公司並在1968年成為管理者，正是在這對父子的領導下，哈斯公司重新成為了歐洲最好的字體公司。除了成功地開發出New Haas Grotesk，即Helvetica之外，公司還成功開發了其他一些字體，比如Clarendon體和Diethelm Antiqua體，以及從原有的字庫中提取出來並重新創作的老字體，比如Bodoni體和Caslon體。後來，為了配合聯合國教科文組織在阿拉伯語國家推廣識字，哈斯公司還專門開發了一款完整的有聲阿拉伯字體。

哈斯的字體生意遍及全球，這從他們與歐洲、美國、日本以及新西蘭的眾多公司的超過80份以上的字體授權協定就可以得到證明，這些合作涉及到大約180款字體，用途也很多樣。從1958年起，哈斯公司開始與國際排版協會合作，共同推動保護字體版權的立法。

1942年，哈斯公司開始吞併其他字體公司，比如哥本哈根的哥芬公司（1969年）、巴黎的德伯尼與佩諾公司（1972年）、馬賽的奧里佛公司（Olive）以及伯濤德和斯滕貝爾公司（有限合作）在維也納的字體創作部。斯滕貝爾公司在1985年關門之後，萊諾公司收購了他們在哈斯公司的股權，並在1989年收購了哈斯公司的所有股權，結束了字體創作業務，但保留了公司持有版權的字體（包括Helvetica和Univers）的授權業務，因為這仍是盈利頗豐的一塊。同年，阿爾弗雷德·霍夫曼離開了公司，哈斯字庫中的所有字體也都被收納為萊諾公司字庫資源的一部分。

● 哈斯鑄字公司在門興斯泰因的新工廠，1921年起開始運營。

象徵了公司名稱（Haas是德語兔子的意思）的Logo是一隻兔子的剪影，用爪子捧著一個鉛字）

親密的戰友：斯滕貝爾公司

（D. Stempel AG）

1895年由大衛．斯滕貝爾創立，在最初的兩年，主要是生產金屬空間設施和傢具。從1897年才開始涉足鉛字生產。從1900年起，斯滕貝爾公司開始為萊諾排版機鑄造鉛字。5年後改組為股份公司。從20世紀初到20年代，一直在收購其他的字體公司。1927年，斯滕貝爾公司和伯濤德公司各自收購了哈斯公司45%的股份。1954年，德國人的資產被清理，斯滕貝爾公司購買了伯濤德公司手裡的股份之後成為了哈斯公司最大的股東。早在1941年，萊諾公司就已經收購了斯滕貝爾公司的大部分股份。從60年代起，斯滕貝爾公司開始為萊諾公司生產New Haas Grotesk字模，這款字體由馬科斯．米丁格和愛德華德．霍夫曼設計，後來更名為Helvetica，成為了最賺錢的字體。在50、60年代，又陸續生產了其他一些字體，例如赫爾曼．紮普夫（Hermann Zapf）設計的Palatino體（1950年）、簡．切西豪德（Jan Tschichold）設計的Sabon體（1967年）以及漢斯．艾杜．邁耶（Hans Eduard Meier）設計的最後一款鉛字版的無襯線字體Syntax體（1968年）。從70年代起開始生產照相排版設備和電子字體。1983年，斯滕貝爾公司的字體生產業務停止了，兩年後，公司的大股東萊諾公司做出決定，結束斯滕貝爾公司。

偉大的競爭對手：伯濤德公司

（H. Berthold AG）

1858年，赫爾曼．伯濤德在柏林成立了電版印刷研究所，從1861年到1864年與另一家鑄字公司合併，改稱蔡興多夫與伯濤德公司（Zechendorf & Berthold）。伯濤德公司（H. Berthold AG）在1896年正式成立，隨後的幾年間出產了不同字形大小的Akzidenz Grotesk體。在不斷吞併了歐洲的多家字體公司之後，伯濤德公司在1918年成為了全球最大的字體公司。1911年公司最重要的產品樣本手冊出版，共有850頁之多。1926年，伯濤德公司和斯滕貝爾公司聯合收購了威尼斯的保博保姆字體公司（Poppelbaum），這家新公司命名為伯濤德和斯滕貝爾公司，一直運營到1978年。在之後的幾年，伯濤德和斯滕貝爾公司成功收購了門興斯泰因的哈斯字體創作所的大部分股份。儘管伯濤德公司一直是以開發和銷售字體聞名，但在整個20世紀50年代，他們都把主要精力放在了發展照相排版設備上。最後因為沒有成功地完成向電子時代的轉型，在1993年，公司還是破產了。

REKLAMEBERATER UND GRAFIKER

MAX MIEDINGER
ZÜRICH 6

MM

GREBELACKERSTR. 15
TELEFON 051/286292
POSTCHECK VIII 31572

Haas'sche Schriftgiesserei AG
Münchenstein

Zürich, den 5.Okt.1956

Sehr geehrter Herr Hoffmann,

Beiliegend sende ich Ihnen die erste Version der entworfenen Versalien A-Z der halbfetten neuen Haas-Grotesk. Ich habe die Schrift als halbfett eine Idee kräftiger gehalten als die franz.Grotesk, halbf.Berthold-Akzidenz-Grotesk und ½fette Normal-Grotesk wie Sie aus den aufgeklebten Alphabeten sehen.
Ich bin mit diversen Buchstaben noch nicht zufrieden und muss diese verbessern. Die starke Reduktion vom Originalentwurf (Höhe 9,4 cm) photographisch auf 1 cm und 0,6 cm reduziert, verzeichnet das Bild ein wenig. In beiliegender Separataufstellung der Buchstaben A-Z gebe ich Ihnen an, was ich noch an den einzelnen Buchstaben korrigieren möchte und bitte Sie, um Ihre Ansicht.
Würden Sie so freundlich sein und mir beiliegende Unterlagen auf Samstagabend wieder per express zu retournieren, damit ich umgehend weiter daran arbeiten kann und die gemeinen Buchstaben sowie Zeichen und Ziffern bis zu Ihrer Rückkehr ebenfalls entwerfen kann.
Ich wünsche Ihnen recht schöne Ferien und grüsse Sie freundlich

hochachtend

Miedinger

Beilagen:
Vorlage neue Haas-Grotesk
Aufstellung der zu korrigierenden Buchstaben
Breitenvergleiche anderer Groteskschriften

● New Haas Grotesk體背後的歷史文獻得到了很好的保存，文獻中很重要的一部分就是愛德華德·霍夫曼與馬科斯·米丁格之間大量的書信來往。他們在信中討論問題所在，提出修改意見，並做出方向性決策。從信中甚至可以瞭解到兩位創作者不同的性格特點。

親愛的霍夫曼先生，

請查收信裡的附件，上面是我為New Haas Grotesk體的semibold級設計的第一版大寫字母。我設計的semibold級要比French Grotesk體、伯濤德公司的Akzidenz Grotesk體以及Bold Normal Grotesk體稍微粗一些。對於部分字母我還不能完全滿意，需要進一步修改。當通過照相技術把原先的圖樣從9.4厘米高縮小到1厘米和0.6厘米高的時候，字體的某些部分在視覺上走形了。為了你查起來方便，從A到Z的所有字母邊上我都做了標註，說明了接下去我想要進一步修改與改善的地方。

如果你能在周六晚上之前把你的反饋意見和附件材料用快件寄回給我，將不勝感謝。這樣，我就可以在收到郵件後馬上開始著手設計小寫字母、符號和數位了。

附件包括：
New Haas Grotesk體的草圖
需要繼續改進的字母列表
在字寬上與其他無襯線字體的比較

New Haas Grotesk體的大寫字母A-Z的列表（第一版）包括我的改進建議如下：

REKLAMEBERATER UND GRAFIKER

MAX MIEDINGER
ZÜRICH 6

MM

GRESSLACHERSTR. 15
TELEFON 051/286292
POSTCHECK VIII 31572

Aufstellung der Versalien A-Z
der neuen Haas-Grotesk
(1.Version)
mit Angaben meiner noch auszu-
führenden Korrekturen.

6.10.56

A Querbalken eine Idee dünner
B Fussbalken eine Idee dünner, Kopfbalken ebenso aber weniger
C eventuell eine Idee runder
D Innerer Bogen runder (d.h. oben), Fussbalken eine Idee dünner
E eventuell eine Idee breiter, Fussbalken eine Idee dünner
F eventuell auch eine Idee breiter
G eventuell eine Idee runder (breiter), unterer Abstrich etwas dünner
L Füssbalken dünner (Fehler)
M Schrägbalken oben und unten gleich dick
N Schrägbalken gleich dick oben und unten
O noch zu unregelmässig, eventuell auch eine Idee runder
P den Bauch etwas mehr nach unten, damit das P nicht umkippt
Q gleich wie O
R den oberen Bauch eine Idee nach unten, rechter Abstrich gleichmässige
T Querbalken eine Idee dünner
W -

Beiliegend noch meine Aufstellung von sechs verschiedenen Schriften, die Breitenmasse als Vergleichsbasis angegeben.
Die Masse der Breite beziehen sich auf eine Höhe von 9,2 cm der Schrift.

Meine Schrift zeichnete ich 9,4 cm (runde Buchstaben 9,7 resp. 10 cm).

Die rot unterstrichenen Breiten sind die Masse der neuen Haas-Grotesk.

Da ich meine Schrift 2 mm höher zeichnete, ist sie in der Verkleinerung teilweise gegenüber den andern Schriften schmäler geworden, damit die Schrift in der Praxis nicht als zu breit angesehen wird, was von den Buchdruckern ja immer wieder von einer Brotschrift beanstandet wird.

Die gewöhnliche neue Haas-Grotesk möchte ich gleich breit wie die halbfette halten, um eventuell auch auf die Setzmaschine brigen zu können, sofern dies von Ihnen gewünscht wird.

● 馬科斯．米丁格在1956年10月5日寫給愛德華德．霍夫曼的信

A 把中橫槓改得稍微細一點。

B 底橫槓稍微細一點，上橫槓稍微細一點，但不要太過。

C 字身或許可以再圓一點。

D 內弧線稍微再圓一些（尤其是上半部分），底橫杠稍微細一點。

E 字身或許再寬點，底橫槓稍微細一點。

F 字身或許再寬點。

G 或許再圓點（寬點），下半部分稍微細一點。

L 底橫槓稍微細一點（錯誤）。

M 斜線的上半部分和下半部分應該同寬。

N 斜線的上半部分和下半部分應該同寬。

O 仍然過於不規則，或許應該稍微再圓一點。

P 把字碗稍微下移一些，這樣 P 就不會重心太高了。

Q 跟O的情況一樣。

R 把字碗的上半部分下移一些，把腿部的粗細統一一點。

T 橫槓應該細一點。

W -

在列表之外，我另附上六種不同的字體，可以作為樣本來比對字寬。

字寬是以9.2厘米字高而設定的。

但我設計的字高卻是9.4厘米（圓形字符是9.7或10厘米）。紅色底線標出的寬度就是New Haas Grotesk體的字寬。正因為我的字高要比常規的字高要多出2毫米，所以當把它壓縮到標準字高之後就會顯得比其他字體窄一些——這樣的話，印刷商們就開心了，通常他們總是抱怨在排正文的時候，標準字寬顯得太寬了。

我打算把Regular級的字寬設定得與Bold級的字寬一致，這樣一來，它就可以同時符合排版機的要求了，我希望這同樣也是你的願望。

馬科斯．米丁格

1956年10月5日於蘇黎世

● 愛德華德·霍夫曼在1956年10月6日寫給馬科斯·米丁格的信

Herrn Max Miedinger
Z ü r i c h 6
Grebelackerstrasse 15

6.10 EH 6.Oktober 1956

betr. Neue Haas-Grotesk

Sehr geehrter Herr Miedinger,
Gestern gelangten wir in den Besitz Ihres Schreibens und eines vorläufigen Entwurf für eine neue Groteskschrift, die Sie auf einer Tabelle mit unserer französischen, der Normal- und der Berthold'schen Akzidenz-Grotesk verglichen.
Wie Sie selbst bemerken, sind noch nicht alle Versalien als gelungen zu bezeichnen, so z.B. A B D F L M N O P R S U.
Was uns nun aber vor allem interessiert hätte, wäre das Wort
H a m b u r g e r s
das allgemein übliche Schriftgiesserwort, das alle Varianten von Buchstaben enthält. Mit diesem Wort "Hamburgers" wären wir gerne z.B. zu Herrn Fritz Bühler gegangen, um seine Meinung darüber zu hören. Gerade dieser Herr ist wegen der CIBA für uns überaus wichtig.
Bevor Sie sich nun mit den Verbesserungen der Versalien befassen, wäre uns daran gelegen, dass Sie möglichst bald das erwähnte Wort zeichnen, damit wir dieses dann genau mit der Berthold'schen Grotesk vergleichen können, aber eben - es muss besser werden als die Akzidenz-Grotesk.
Wir erwarten Ihre baldigen Nachrichten in dieser Sache und begrüssen Sie

hochachtungsvoll

Adresse von EH
Hotel du Signal
Chexbres (VD)

親愛的米丁格先生，

我們收到了你的新無襯線體的初步設計，還包括了你用圖表格式做的與French Grotesk體、Normal體以及伯濤德公司的Akzidenz Grotesk體的對比。

如你信中所指出的，並不是所有字母的字形都能令人滿意，尤其是 A B D F L M N O P R S U。我們建議先用「Hamburgers」這個詞來做實驗，這也是在字體設計中通用的單詞實驗樣本，因為它包含了字母的所有變化。等「Hamburgers」的樣本完成之後，我們將去徵詢弗雷茨·比勒的意見，因為他能代表汽巴公司的品味與喜好。

在你開始修改大寫字母之前，請盡快完成上面所說的單詞樣本，這樣我們就能與伯濤德公司的Akzidenz Grotesk體做詳細的比較，它一定會比Akzidenz Grotesk體更好。

我們等候你對上述內容的回覆。

愛德華德·霍夫曼
1956年10月6日於蘇黎世

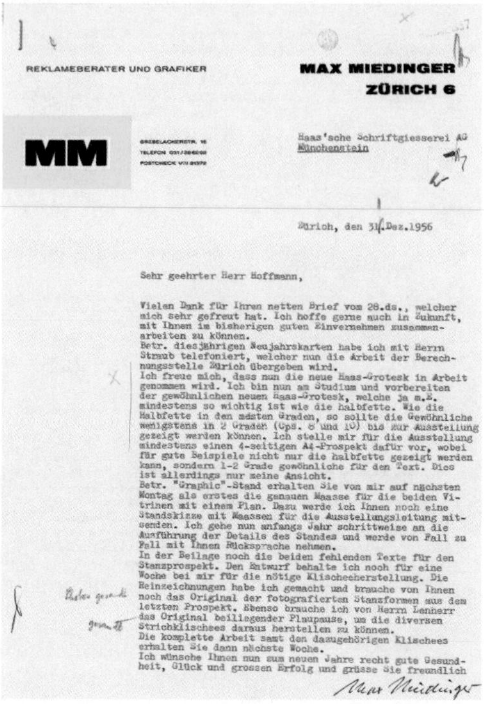

REKLAMEBERATER UND GRAFIKER

MAX MIEDINGER
ZÜRICH 6

MM

GIESSLACHERSTR. 16
TELEFON 051/266290
POSTCHECK VIII 21379

Haas'sche Schriftgiesserei AG
Münchenstein

Zürich, den 31.Dez.1956

Sehr geehrter Herr Hoffmann,

Vielen Dank für Ihren netten Brief vom 28.ds., welcher mich sehr gefreut hat. Ich hoffe gerne auch in Zukunft, mit Ihnen im bisherigen guten Einvernehmen zusammenarbeiten zu können.
Betr. diesjährigen Neujahrskarten habe ich mit Herrn Straub telefoniert, welcher nun die Arbeit der Berechnungsstelle Zürich übergeben wird.
Ich freue mich, dass nun die neue Haas-Grotesk in Arbeit genommen wird. Ich bin nun am Studium und vorbereiten der gewöhnlichen neuen Haas-Grotesk, welche ja m.E. mindestens so wichtig ist wie die halbfette. Wie die Halbfette in den meisten Graden, so sollte die Gewöhnliche wenigstens in 2 Graden (Cps. 8 und 10) bis zur Ausstellung gezeigt werden können. Ich stelle mir für die Ausstellung mindestens einen 4-seitigen A4-Prospekt dafür vor, wobei für gute Beispiele nicht nur die halbfette gezeigt werden kann, sondern 1-2 Grade gewöhnliche für den Text. Dies ist allerdings nur meine Ansicht.
Betr. "Graphic"-Stand erhalten Sie von mir auf nächsten Montag als erstes die genauen Maasse für die beiden Vitrinen mit einem Plan. Dazu werde ich Ihnen noch eine Standskizze mit Maassen für die Ausstellungsleitung mitsenden. Ich gehe nun anfangs Jahr schrittweise an die Ausführung der Details des Standes und werde von Fall zu Fall mit Ihnen Rücksprache nehmen.
In der Beilage noch die beiden fehlenden Texte für den Stanzprospekt. Den Entwurf behalte ich noch für eine Woche bei mir für die nötige Klischeeherstellung. Die Reinzeichnungen habe ich gemacht und brauche von Ihnen noch das Original der fotografierten Stanzformen aus dem letzten Prospekt. Ebenso brauche ich von Herrn Lenherr das Original beiliegender Plaupause, um die diversen Strichklischees daraus herstellen zu können.
Die komplette Arbeit samt den dazugehörigen Klischees erhalten Sie dann nächste Woche.
Ich wünsche Ihnen nun zum neuen Jahre recht gute Gesundheit, Glück und grossen Erfolg und grüsse Sie freundlich

Max Miedinger

● 馬科斯 · 米丁格在1956年12月31日寫給愛德華德 · 霍夫曼的信

親愛的霍夫曼先生，

謝謝你在12月28日的來信。希望在接下來的工作中我們繼續保持這樣愉快和順暢的溝通！

我非常高興New Haas Grotesk體的設計工作可以開始了。現在我正在進行New Haas Grotesk體Regular級的研究和開發準備工作。在我看來，Regular級和Semibold級同等重要。因為在展覽上將會展示Semibold級的絕大多數字號，所以我覺得Regular級至少也要展示兩種大小的字號（8磅和10磅），而不應該僅僅是考慮Semibold級。此外，我認為應該做一份有4個頁面、A4大小的冊子，以保證字體有很好的展示效果。還有就是在文字複製中也應該加入一到兩種字號的Regular級，當然這僅僅是我的個人意見。關於我們在展覽中的展位，我已經按照具體尺寸準確繪製了兩個玻璃陳列櫃的設計圖，再加上平面圖，下周一你就會收到。另外還附了一個展位結構圖，可以給展覽主辦方看。在新年初的時候，我會逐步完成展位設計的細節，也會跟你商量具體的做法。郵票（見33頁）中所缺的兩段文字附在這封郵件裡，方塊部分我還需要一周時間才能完成。所有的創作工作已經完成，只是我還需要郵票的原始影像檔，還有雷納先生繪製的藍圖，用來製作方塊圖。

你將會在下周收到所有的圖樣，包括那些方塊圖。

祝你在新的一年裡身體健康、生活順利、事業成功！

馬科斯 · 米丁格
1956年12月31日於蘇黎世

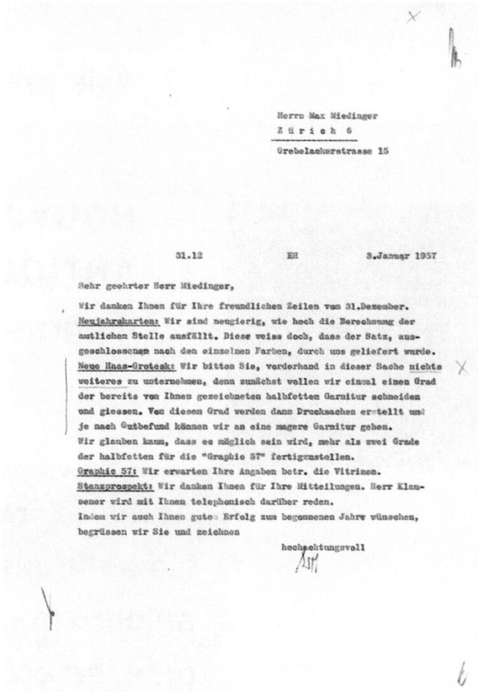

Herrn Max Miedinger
Z ü r i c h 6
Grebelackerstrasse 15

31.12 EH 3.Januar 1957

Sehr geehrter Herr Miedinger,

Wir danken Ihnen für Ihre freundlichen Zeilen vom 31.Dezember.
Neujahrskarten: Wir sind neugierig, wie hoch die Berechnung der amtlichen Stelle ausfällt. Diese weiss doch, dass der Satz, ausgeschlossenen nach den einzelnen Farben, durch uns geliefert wurde.
Neue Haas-Grotesk: Wir bitten Sie, vorderhand in dieser Sache nichts weiteres zu unternehmen, denn zunächst wollen wir einmal einen Grad der bereits von Ihnen gezeichneten halbfetten Garnitur schneiden und giessen. Von diesem Grad werden dann Drucksachen erstellt und je nach Gutbefund können wir an eine magere Garnitur gehen.
Wir glauben kaum, dass es möglich sein wird, mehr als zwei Grade der halbfetten für die "Graphic 57" fertigzustellen.
Graphic 57: Wir erwarten Ihre Angaben betr. die Vitrinen.
Stanzprospekt: Wir danken Ihnen für Ihre Mitteilungen. Herr Klausener wird mit Ihnen telephonisch darüber reden.
Indem wir auch Ihnen guten Erfolg zum begonnenen Jahre wünschen, begrüssen wir Sie und zeichnen

hochachtungsvoll

● 愛德華德．霍夫曼在1957年1月3日寫給馬科斯．米丁格的信

親愛的米丁格先生，

謝謝你在12月31日的來信。

關於New Haas Grotesk體的設計：請千萬不要急於進行下一步的開發，因為我們現在想先用你繪出的Semibold級生產出一種字號的鉛字來，再用這種字號的鉛字印製宣傳材料，然後根據市場的反應來決定是否繼續開發其他字號。

我們也認為在「Graphic 57」展會前生產出超過兩種字號的Semibold級鉛字是不太可能的。關於「Graphic 57」展會：我們期待你設計的玻璃陳列櫃詳圖。

關於郵票：克勞斯納先生將會給你電話討論細節問題。

同樣也祝你在來年取得成功，並一直保持下去！

愛德華德．霍夫曼
1957年1月3日

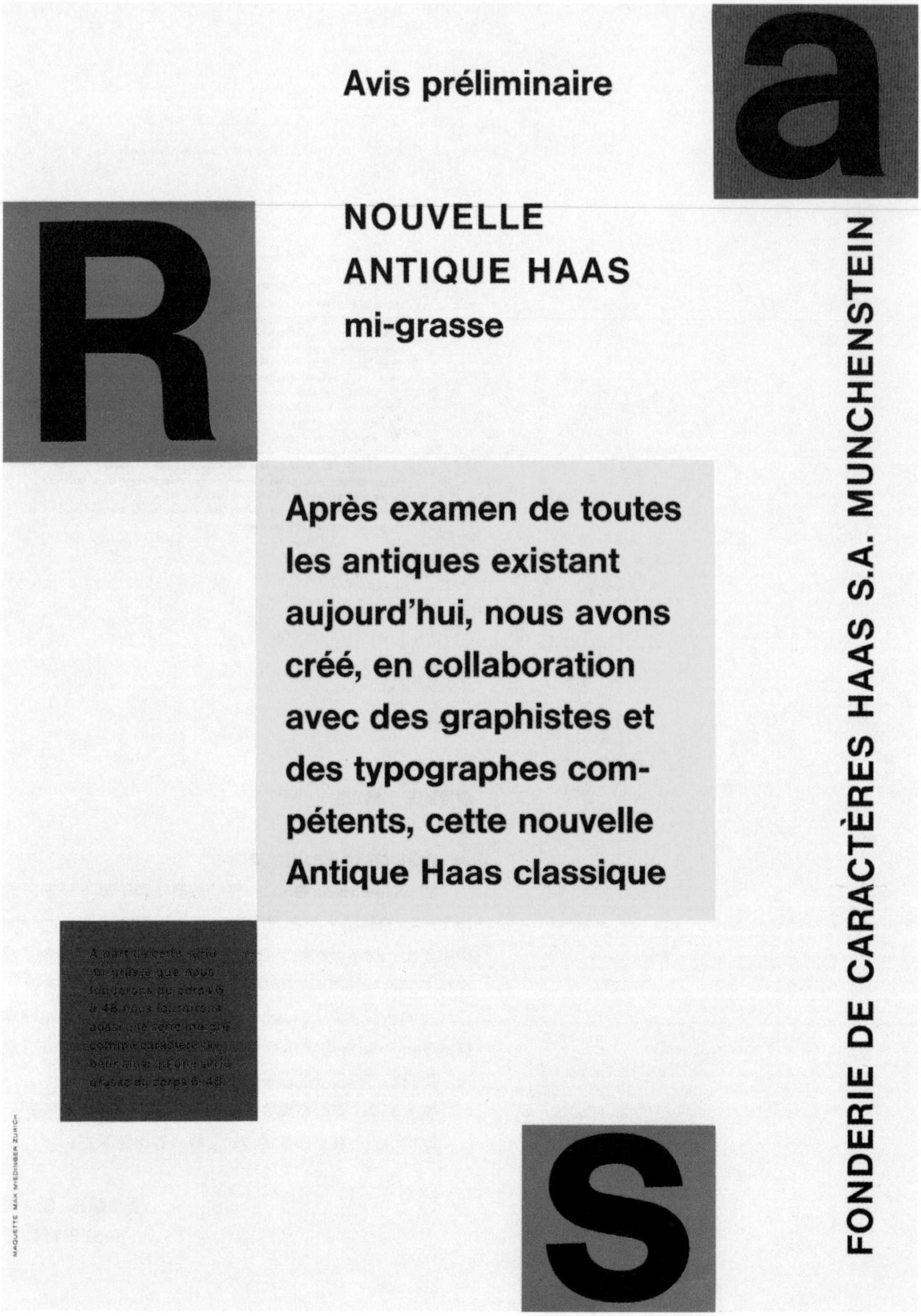

a
Avis préliminaire
R
NOUVELLE
ANTIQUE HAAS
mi-grasse
Après examen de toutes
les antiques existant
aujourd'hui, nous avons
créé, en collaboration
avec des graphistes et
des typographes com-
pétents, cette nouvelle
Antique Haas classique

A part la série semi-maigrasse que nous fondérons du corps 6 à 48, nous fallerons a aussi une série maigre comme caractère de base ainsi qu'une série grasse du corps 6-48.

FONDERIE DE CARACTÈRES HAAS S.A. MUNCHENSTEIN
MAQUETTE MAX MIEDINGER ZURICH
S

● 為參加「Graphic 57」博覽會準備的宣傳單。

設計：馬科斯・米丁格

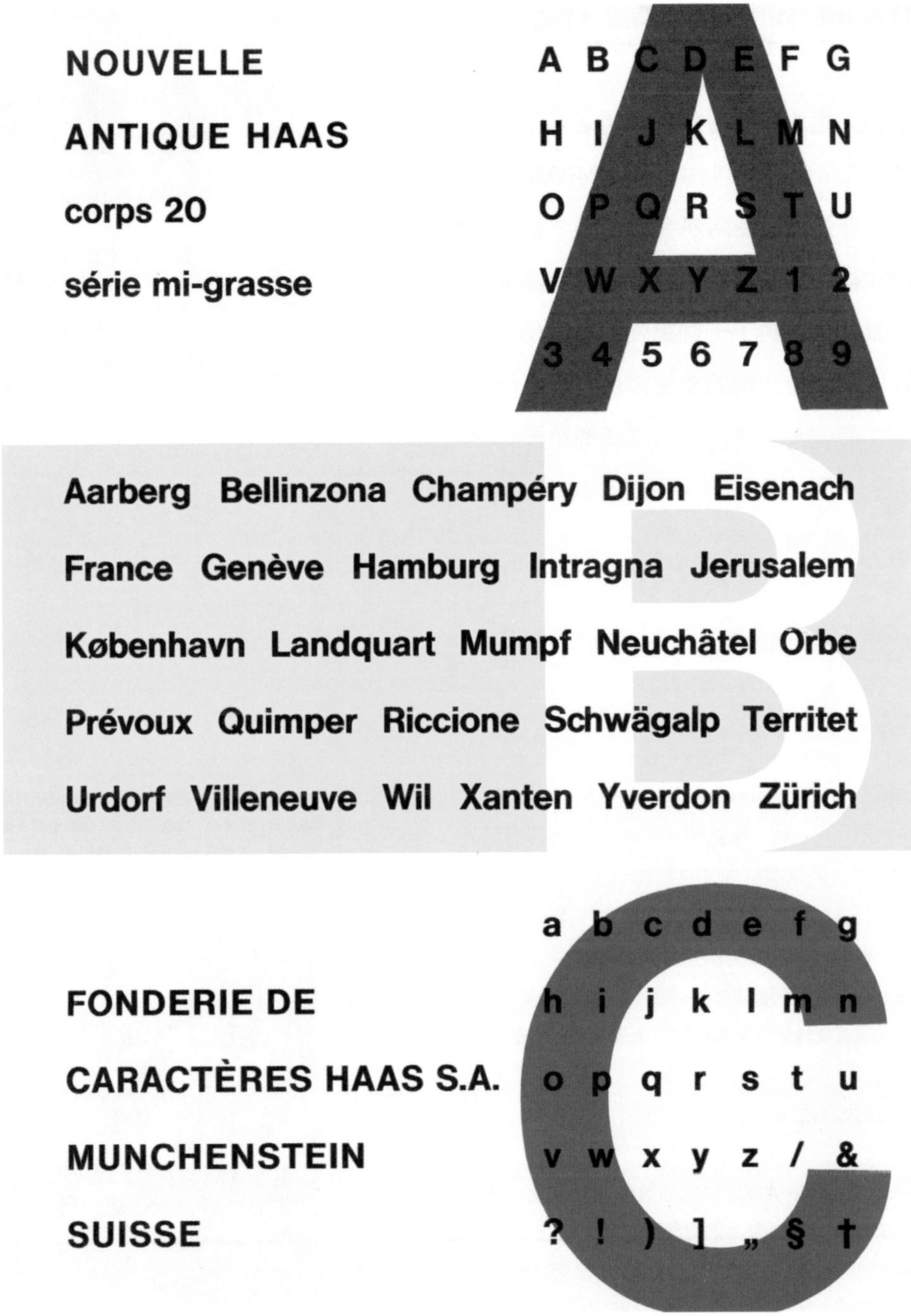

NOUVELLE
ANTIQUE HAAS
corps 20
série mi-grasse

A B C D E F G
H I J K L M N
O P Q R S T U
V W X Y Z 1 2
3 4 5 6 7 8 9

Aarberg Bellinzona Champéry Dijon Eisenach
France Genève Hamburg Intragna Jerusalem
København Landquart Mumpf Neuchâtel Orbe
Prévoux Quimper Riccione Schwägalp Territet
Urdorf Villeneuve Wil Xanten Yverdon Zürich

a b c d e f g
h i j k l m n
o p q r s t u
v w x y z / &
? !)] „ § †

FONDERIE DE
CARACTÈRES HAAS S.A.
MUNCHENSTEIN
SUISSE

● 用這樣簡單的一張A4紙，哈斯鑄字公司第一次向公眾展示了他們的新產品。法語名字是Nouvelle Antique Haas，後來縮寫為le Haas。在設計過程中，馬科斯·米丁格和愛德華德·霍夫曼用從Aarberg到Zurich的城市名字作為字體樣本，來測試字母之間的關係，並做了一些必要的修正。當這份宣傳單出現在盧塞恩博覽會上的時候，小寫字母「a」還沒有最後調整到位。

字體排版技術及其對字體設計的影響

在西方世界，從古登堡發明活字印刷術開始（約1465年）到19世紀這400多年裡，一直在生產和使用熱金屬活字。衝壓字模法和排版機的發明標誌著字體生產進入了工業時代。再下一個重要的發展是照相排版以及稍後出現的數位排版，這意味著字體生產的去物質化。這些新的發展讓字體與字形可以與所有的新技術接軌了。

鋼坯
預刻
陽模
字模

● 先在鋼棒的一頭用刻刀和銼刀挖出字母的陰形，再把刻完的鋼模進行加工變硬，並鍛造成銅模，銅模被用來鑄造鉛字，可以無限生產。最早的字模師不用事先製圖，而是靠眼力在「鋼棒」上直接雕刻。直到巴羅克時期（1600－1756），字體的設計與生產才分離開來。

手工排版中的熱活字

在熱活字系統中，排版多少的可能性很大程度上是由「硬」材料——金屬來決定的。比如，調整字距非常不容易，通常只有當字號足夠大時才能做到。字體的字形、粗細、字寬都沒什麼限制，隨意性很大。每個字號的字形輪廓都是單獨處理的：比如，把9磅的「a」放大到36磅，與正常36磅的「a」是不一樣的，放大後的「a」更粗一些、寬一些、字谷也大一些、x高度也稍微增大了一點，這樣更易讀。同時，字號越大就越能在筆劃的對比上做更多的細節處理。

● Helvetica有一個獨特之處，就是幾乎所有字符都沒有「贅肉」，或者說從字形兩邊看都沒有多出空白來，這意味著字母可以排得更緊一些。

字體的機械生產

1885年，用於機械刻模的縮放儀問世之後，那種耗時耗力的手工刻模法被取而代之。當設計師把字體的字形圖樣畫好之後，通過「鑽孔」技術，就可以機械生產縮小字模。如果要完成所有字號的字模生產，總共只需要四套不同的圖紙與模板，因為在不同字號間要做的細節調整越來越少了。

● 在機械製模生產中，縮放儀的這端有一個針頭根據金屬預刻模上的字母輪廓描畫，而縮放儀的另一端則有一個鑽頭同步直接在金屬上雕刻出縮小後的字形。

萊諾排版機在1884年、蒙納排版機在1897年陸續問

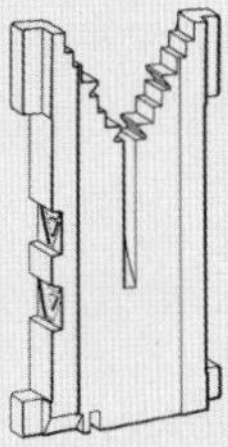

● 萊諾排版機用的複式字模上有兩種字符，可以通過鍵盤操作來進行選擇：Roman級或Italic級，Italic級或Bold級。兩種可選字符的寬度必須完全一樣，所以在設計上需要相互對照，這也意味著需要相互妥協：Italic級不能太寬，Bold級也不能太窄。

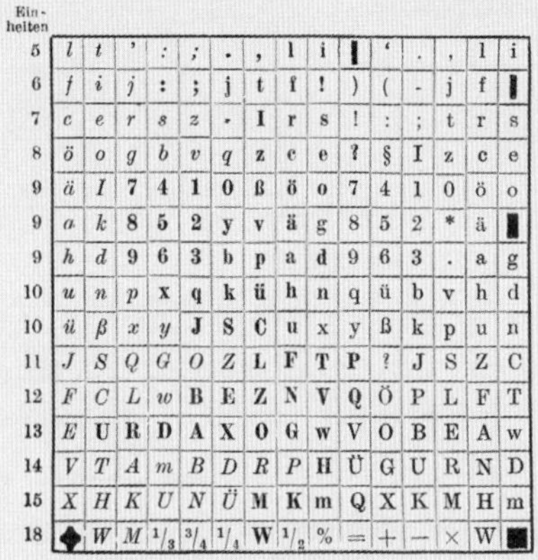

Einheiten															
5	*l*	*t*	’	:	;	.	,	l	i	■	‘	.	,	l	i
6	*f*	*i*	*j*	:	;	j	t	f	!	)	(	-	j	f	■
7	*c*	*e*	*r*	*s*	*z*	-	I	r	s	!	:	;	t	r	s
8	*ö*	*o*	*g*	*b*	*v*	*q*	z	c	e	?	§	I	z	c	e
9	*ä*	*I*	7	4	1	0	ß	ö	o	7	4	1	0	ö	o
9	*a*	*k*	8	5	2	y	v	ä	g	8	5	2	*	ä	■
9	*h*	*d*	9	6	3	b	p	a	d	9	6	3	.	a	g
10	*u*	*n*	*p*	x	q	k	ü	h	n	q	ü	b	v	h	d
10	*ü*	*β*	*x*	*y*	J	S	C	u	x	y	ß	k	p	u	n
11	*J*	*S*	*Q*	*G*	*O*	*Z*	L	F	T	P	?	J	S	Z	C
12	*F*	*C*	*L*	*w*	B	E	Z	N	V	Q	Ö	P	L	F	T
13	*E*	U	R	D	A	X	O	G	w	V	O	B	E	A	w
14	*V*	*T*	*A*	*m*	*B*	*D*	*R*	*P*	H	Ü	G	U	R	N	D
15	*X*	*H*	*K*	*U*	*N*	*Ü*	M	K	m	Q	X	K	M	H	m
18	◆	*W*	*M*	1/3	3/4	1/4	W	1/2	%	=	+	−	×	W	■

● 在蒙納的原理中，通過一個單元值系統，字母可以歸納為15種不同的字寬類型，但同屬一行的字符的字寬必須保持一致。根據這個活字坐標格局，每個字母必須設計得要麼寬一點，要麼窄一點，才能分配到某一字寬類型中去。最窄的字母出現在最上面的一行，字寬是5個單元值，最寬的字母出現在最下面的一行，字寬是18個單元值。

世。在排版機發明之後，字體的字形必須重新繪製或者進行調整，因為特定的排版機系統對字寬有一定的限制，並且要求字距完全統一。蒙納排版機主要用於書籍印刷，而萊諾排版機主要用於報紙和雜誌印刷。在萊諾排版機上字號最大只能到12磅，行寬也不能超過13厘米，所以在廣告排版中依然會用到手工排版，或者手工機器混合排版。

直到20世紀70年代鉛字時代結束之前，簡潔經濟的鑄條機非常普及，尤其是在美國和德國。由於Helvetica很早就被收錄進萊諾排版機系統內（從60年代起），所以這款字體在這些國家都非常流行。但與之相反的是，蒙納系統在英格蘭和瑞士佔據絕對優勢。在1972年之前，Helvetica一直沒法在蒙納系統中使用，相對應的是，Univers可以在蒙納系統中卻沒法在萊諾系統中使用。在蒙納系統中，鍵盤佈局和排列文字的操作與鉛字佈局是兩個不同的系統。鍵盤連接著一條打孔的紙帶，可以來控制選定的字母，這樣手稿第一次也能被「儲存」了。這個系統有一個巨大的優點，那就是排字工人可以隨時進行手工調整，而不像萊諾系統那樣，整行都需要在機器上重裝。

照相字體排版

當20世紀60年代照相排版問世的時候，字體的物理重量幾乎就消失了。從一張薄薄的負片中可以根據需求匯出任意大小的字號。甚至改變字體的姿態也是可能的，也就是說，把字體變成斜體或者更寬的字級；也可以改變字距，比如說再縮近一些。

● 曝光和顯影的控制也會對字形和筆劃粗細產生影響。感光過於銳利會讓字形顯得太細，而反過來說，感光過度會造成模糊或者形體失準。為了糾正這種技術可能引起的問題，在設計時，字符的外角會有一個誇張的凸角，筆劃交叉的地方也會切得更深一些，來糾正感光過度所引起的問題。

在照相字體排版(也叫照相製版)中，字母的形象不再出現在負片上，而是由光柵組成的線或像素構成，以數位技術儲存，使用時用電子射線管在膠片上曝光。以前，不同製造商的鉛字鑄造模式之間彼此或多或少還是可以相容的。現在，這麼多的新字體排版系統卻只接受特定字體製造商的字體。所有排版系統都希望自己的字庫中能有Helvetica，但是，萊諾公司並不情願向競爭者發放該字體的使用權，於是，其他製造商就不斷地複製它。

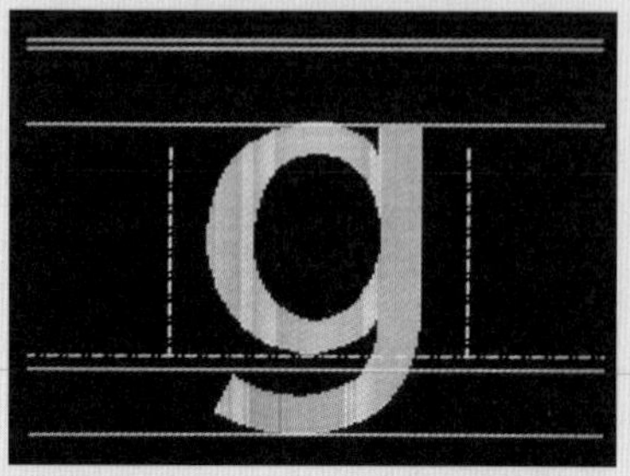

● 低解像度會讓字母的圓形部分看起來呈鋸齒狀，意味著它沒法再任意放大了。字腳或字幹也會輕微地偏離水平線或垂直線，也無法再複製了，只能重新設計。許多字體失去了它們早先的豐富細節變化，製造商被迫去開發新的字體，以更好地適應新的技術發展。

版式字體

在20世紀80年代之前，只有印刷商和排字工人才會跟鉛字打交道，設計師只是在版面上用手工畫出或者粘貼字母的字形。當時New Haas Grotesk體的字體活頁系統中有可直接用作排版替身的文字，各種字號、行距的版本都有。這會讓設計師節省大量的時間，是非常有效的市場工具。在70年代，轉移貼文字開始流行，出現了大量的、各種版本的轉移貼紙，這就邁出了字體應用民主化的第一步。如果所需排列的文字量不太多，通過這種方式，版面看上去會很專業，同時還不貴，誰都承擔得起。各種符號、圖形元素、圖案、屏幕化的紋理以及很多裝飾風格的字體都可以實現。後來這也為平面設計師打開了一個新的字體設計市場。

● 用轉移貼紙文字來做設計可以算作一種現代形式的手工文字排版。一個字母接一個字母，詞彙和句子就從轉移貼紙上移植到所需設計的版面上來了。

桌面出版

與早期的大型數字排版工作站相比，1984年第一款個人電腦——小型蘋果麥金塔(Apple Macintosh)電腦問世，這在當時引起了轟動。在桌面出版(DTP)中，字體變得好用而且實惠。字體開始只是被裝到了Postscript雷射印表機上，Helvetica就是第一批入選的四款字體中的一款。1985年，蘋果公司把它裝入了麥金塔電腦系統軟體中，於是，它的傳播馬上以不可思議的速度增長。微軟公司選擇了蒙納公司的Arial體作為它的Windows 3.1系統字體。這款字

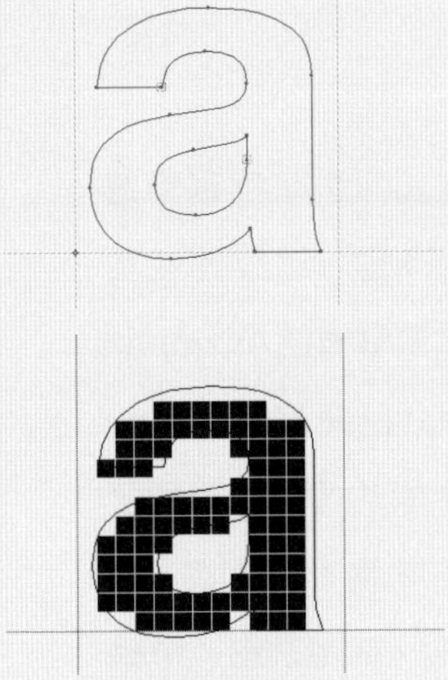

● 所有字符的字形都按照數位組合儲存起來，可以任意放大或縮小，當輸出的時候，它們將被轉換成特定解析度的點陣格式。總體來說，今天所有的字號都只需要同一個字形製圖（以過去的14磅字形大小為基準）就可以了。只有很少的字體生產商會做用於正文字體和用於顯示字體的兩個不同製圖版本。從另一個角度來看，字族在今天得到了廣泛的發展，各種風格的字體足以適應任何需求。

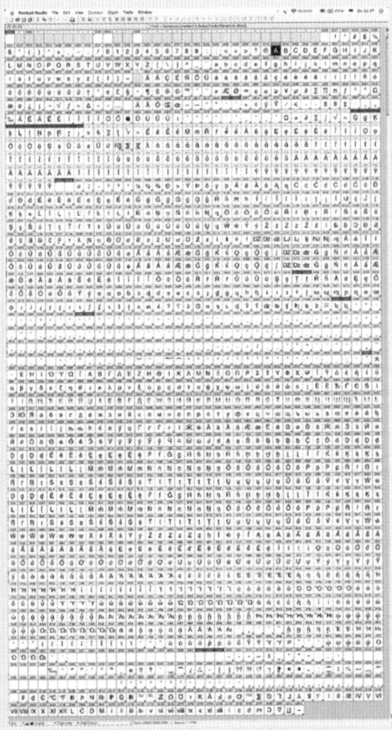

體是從蒙納Grotesk體的字形演化而來，但單元寬度卻與Helvetica是一致的。儘管有了這些進步，字體的設計與生產仍然掌握在一小部分字體設計師、字體生產商和字體公司手裡。當向使用者開放的字體設計軟體如Fontographer問世之後，人人都可以用它來設計新電腦字體了，局面就完全改變了。

新字體格式

如果一種字體必須去調整以適應下面這樣的艱難情況：萊諾的複式字模、蒙納的單元系統、照相排版中的曝光補償或者點陣的規則化處理，那調整後的字體一定會與原來的字體有所不同。把字體轉化為一種新的格式有時就意味著消除早先的一些改良措施。以Helvetica為例，在萊諾公司最近發佈的一些主要版本中，如Helvetica Standard和Helvetica World，字距就被改變了。採用了新的字距調整清單，在電腦屏幕上的可讀性也進行了優化。今天的跨國公司需要一套完整的字體甚至包括各種語言版本。除了所有的拉丁語生僻字符之外，希臘文、西瑞爾文、希伯萊文和阿拉伯文，還有各種裝飾符號和數學符號也被收錄到這個家庭之中。一款字體的一種風格中所包括的字符就多達1,866個。

● 最近由萊諾公司出品的一款Postscript格式的Helvetica體在收進了非拉丁語字符之後，總共有136個字符。在OpenType格式中，可容納的字符量就更自由了，一個資料檔案能容納的字符量就超過了當前一套字體的256個字符的極限，可以包括所有特殊符號、連體字母、其他非拉丁語的符號。

第一場勝利

在盧塞恩的展覽結束之後，霍夫曼的主要精力都用在如何說服巴塞爾的化工巨頭們的廣告部門來接受這款New Haas Grotesk體，結果他成功了。化工巨頭嘉基廣告部的蘭米先生認為「這款字體比伯濤德的Akzidenz Grotesk體要好」。[31]不久之後，嘉基旗下的Thurgauer日報訂購了New Haas Grotesk體Bold級的幾種字號，[32]蘭米對這款字體的肯定也得到了弗雷茲・比勒和另一化工巨頭汽巴(見120頁)的一個同行的呼應。[33]同時，在門興斯泰因，哈斯公司已經開始製作Bold級的更多字號，在這之前，16磅和24磅的字體可以直接使用已有的24磅模具，但新的字號就必須使用小一些的模具了。當縮小尺寸時就會遇到機械技術的新問題，有些字母的字谷以及有些字母之間的間隙都太小了，在印刷時很容易粘糊在一起。哈斯的字模師卡爾・鮑爾（Karl Bauer）和他的同事漢克・凱斯特（Henk Kist）、豪斯特・海因（Horst Hein）負責解決這個問題，米丁格和霍夫曼完全信

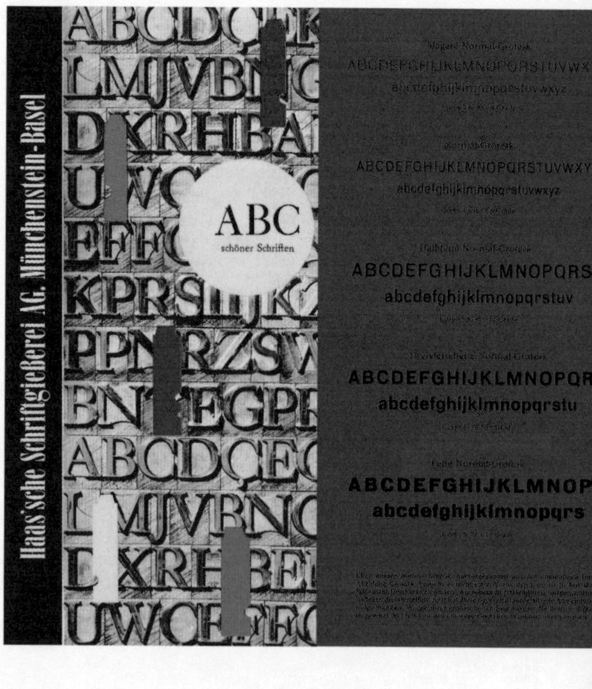

折頁（細節），1957年。
設計：馬科斯・米丁格

● 哈斯字體鑄造公司在盧塞恩「Graphic 57」博覽會上宣傳他們的新字體，New Haas Grotesk體也包括在內。

任他們的專業水準。此外，霍夫曼很客氣地問米丁格：「如果有空，是否可以開始做一本新的廣告宣傳冊？」因為他已經不斷地收到來自各地針對Regular級的訂單。[34]

米丁格二話沒說，就馬上開始了，1958年3月21日，他開心地寫道:「今天，伴隨著一場早春的驟雪，我完成了New Haas Grotesk體專案的全部草圖。真希望像Bold級那樣，Regular級和Black級也能盡快投產。」[35]與此同時，卡爾·鮑爾和他的團隊正忙於為Bold級製作更多字型大小的鉛字，1958年3月底，已經生產出了從6磅到36磅之間的10種字號的鉛字。「非常棒！」霍夫曼評價道，因為除了全套的大小寫字母之外，還有許多古代符號和數位要做，所有的字符加起來大約有135個。[36]從6磅到14磅字號的鉛字從6月起到11月也都陸續完成。從1958年春天起，字模師們就開始著手製作Regular級的第一批鉛字。一年後就輪到Bold級的鉛字。最先完成的是中等字號，而全套字號的鉛字直到1961年春才全部完成。

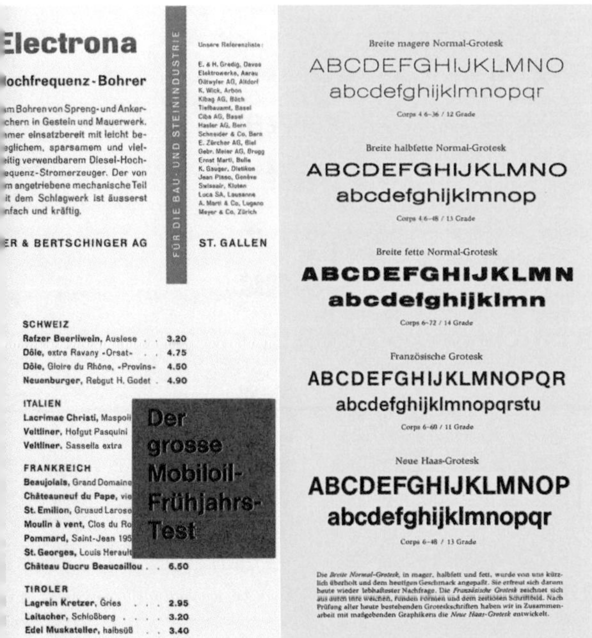

31. 愛德華德·霍夫曼寫給馬科斯·米丁格，1957年9月3日；「霍夫曼的Helvetica剪貼冊」，第22頁。
32. 愛德華德·霍夫曼寫給馬科斯·米丁格，1957年11月11日。
33. 「霍夫曼的Helvetica剪貼冊」，第22頁。
34. 愛德華德·霍夫曼寫給馬科斯·米丁格，1957年9月3日。
35. 馬科斯·米丁格寫給愛德華德·霍夫曼，1958年3月21日。
36. 霍夫曼，〈關於New Haas Grotesk體的創作〉，《字體月刊》，第370頁。

在「Graphic 57」博覽會上取得了標誌性成功之後，1958年夏天，最重要的Bold級、Regular級和Black級都已經生產出來了。霍夫曼開始為New Haas Grotesk體的手工排版鉛字拓展市場。1957年初，一家成立於1922年的瑞士印刷商業雜誌《平面設計》(*Graphia*)的編輯邀請他寫一篇關於這個印刷業新寵(Helvetica)的文章；1958年6月，《字體月刊》上又發表了他的另一篇文章。[37]這僅僅是個開始，米丁格設計完成了第二個宣傳單，[38]全力推廣這款「新的、永恆的、比例均衡的、字形圓潤的無襯線字體」，這款字體是「應著名的平面設計家和版式設計家的需求而設計的，並且是與他們共同協作完成的。」霍夫曼還成功地說服了弗雷茲．比勒和瓦爾特．博沙特(Walter Bosshardt)為Semibold級額外設計了一份4頁的廣告宣傳頁，後來還加了一本展示Regular級的廣告冊。最後，在1959年，霍夫曼還邀請到了巴塞爾的著名平面設計家和書籍設計家阿爾伯特．高姆(Albert Gomm)為New Haas Grotesk體的Regular級設計了一本市場產品手冊，這本手冊非常受歡迎，並且還再版了。

在字體設計和宣傳廣告上的投入取得了明顯成效。New Haas Grotesk體成功填滿了哈斯公司的訂購單。在1959年夏天之前，瑞士的1,600家印刷公司中的150家購買了這款新字體。[39]全年的銷售額比上一年增長了20%，達到了250萬瑞士法郎，而瑞士的字體進口額同期下降了2/3。這些驕人的市場資料使霍夫曼打消了他習慣性的保守預期，「這款新無襯線字體取得了比我們以往任何一款產品都遠遠大得多的成功……事實上，它是我們公司字體設計事業的里程碑！」[40]僅僅在發佈一年半之後，New

37. 霍夫曼，〈關於New Haas Grotesk體的創作〉，《字體月刊》，第370頁。
38. 愛德華德．霍夫曼寫給馬科斯．米丁格，1957年9月3日。
39. 瓦爾特．H．庫茲(Walter H. Cunz)與艾伯哈特．舒特(Eberhard Suter)寫給哈斯字體鑄造所，1959年7月30日。
40. 霍夫曼，《這個與那個》，第55頁。

Haas Grotesk體就成為當時無襯線字體霸主Akzidenz Grotesk體的最強勁的競爭對手——至少在瑞士是這樣的，但這只是指在手工排版市場，Akzidenz Grotesk體就是服務於手工排版市場的。當時，蒙納Grotesk體是機器排版字體，它們還是瑞士機器排版字體的領頭羊。哈斯公司想贏得整個戰役，就必須進軍機器排版領域。

宣傳單，1958年。
設計：馬科斯．米丁格

● 為1958年杜塞爾多夫印刷博覽會而做，馬科斯．米丁格還設計了另一個廣告宣傳單來展示New Haas Grotesk體的Semibold級，該款字體已經完成了從6到36磅的所有字號。

斯滕貝爾公司和萊諾公司加入戰鬥

為了完成目標，1959年6月，霍夫曼奔赴法蘭克福與斯滕貝爾公司的管理層商榷此事。斯滕貝爾公司成立於1954年，是當時德國最大的字體發行商和字模標準制定者之一，擁有哈斯公司51%的股份。除了生產手工排版鉛字，斯滕貝爾公司還擁有萊諾公司排版機鉛字的全部生產權，他們是蒙納公司最大的競爭對手。

宣傳單（右頁），1958年。

設計：弗雷茲．比勒（Fritz Buhler）和瓦爾特．博沙特（Walter Bosshardt）

● G指代Grotesk體。巴塞爾的版式設計師們為New Haas Grotesk體設計了一個四色的宣傳冊，之後瓦爾特．博沙特用同樣的版式為該款字體的Regular級又做了一個簡單的宣傳冊。不同字號的字體樣本非常清晰地展示了他的設計是經過多麼精心地考慮，比如演示大寫字母的文字長度恰好可以齊行。字體樣本左邊紅色背景上的資訊不僅有產品序號，還可以瞭解到訂購一套字元其鉛字的總重量最少是多少。例如，一套8磅字號的鉛字有5公斤重，有154個小寫字母「a」和52個大寫字母「A」。

ABCDEFGHIJ
KLMNO
PQRSTUVWXYZ
ÆŒÇØŞ$£
abcdefghijklmn
opqrstuvwxyz
ch ck æ œ & ß
áàâäãåçéèêë
ğíìîïijñ
óòôöõøşúùûü
.,-:;!?([§†'*„"«»/—
1234567890
Fonderie de Caractères Haas S.A. Munchenstein
nouvelle antique haas
mi-grasse
équilibrée, examinée à fond,
discrète et proportionnée,
souple, sobre et bien tempérée
avec ses formes rondes,
harmonieuses et logiques,
tel est le caractère destiné
aux besoins journaliers
de chaque imprimerie moderne
FRITZ BÜHLER / WALTER BOSSHARDT

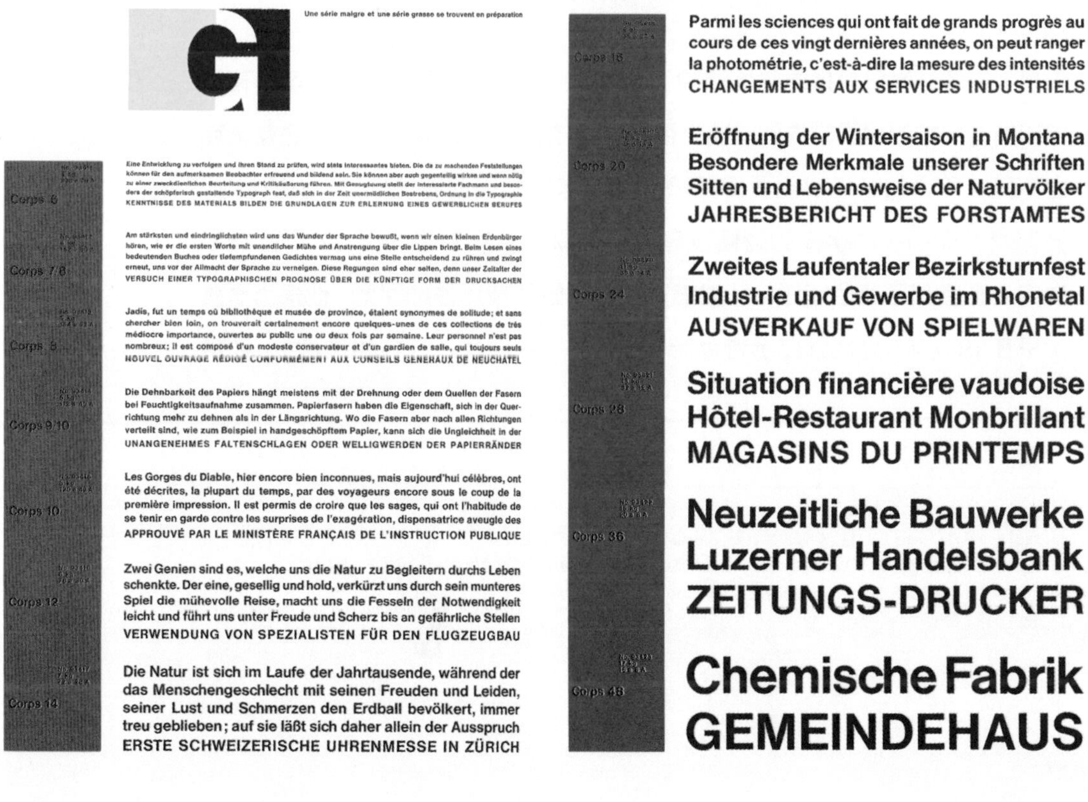
Une série maigre et une série grasse se trouvent en préparation
Corps 6
Eine Entwicklung zu verfolgen und ihren Stand zu prüfen, wird stets Interessantes bieten. Die da zu machenden Feststellungen können für den aufmerksamen Beobachter erfreuend und bildend sein. Sie können aber auch gegenteilig wirken und wenn nötig zu einer zweckdienlichen Beurteilung und Kritikäußerung führen. Mit Genugtuung stellt der interessierte Fachmann und besonders der schöpferisch gestaltende Typograph fest, daß sich in der Zeit unermüdlichen Bestrebens, Ordnung in die Typographie
KENNTNISSE DES MATERIALS BILDEN DIE GRUNDLAGEN ZUR ERLERNUNG EINES GEWERBLICHEN BERUFES
Corps 7/8
Am stärksten und eindringlichsten wird uns das Wunder der Sprache bewußt, wenn wir einen kleinen Erdenbürger hören, wie er die ersten Worte mit unendlicher Mühe und Anstrengung über die Lippen bringt. Beim Lesen eines bedeutenden Buches oder tiefempfundenen Gedichtes vermag uns eine Stelle entscheidend zu rühren und zwingt erneut, uns vor der Allmacht der Sprache zu verneigen. Diese Regungen sind eher selten, denn unser Zeitalter der
VERSUCH EINER TYPOGRAPHISCHEN PROGNOSE ÜBER DIE KÜNFTIGE FORM DER DRUCKSACHEN
Corps 8
Jadis, fut un temps où bibliothèque et musée de province, étaient synonymes de solitude; et sans chercher bien loin, on trouverait certainement encore quelques-unes de ces collections de très médiocre importance, ouvertes au public une ou deux fois par semaine. Leur personnel n'est pas nombreux; il est composé d'un modeste conservateur et d'un gardien de salle, qui toujours seuls
NOUVEL OUVRAGE RÉDIGÉ CONFORMÉMENT AUX CONSEILS GÉNÉRAUX DE NEUCHATEL
Corps 9/10
Die Dehnbarkeit des Papiers hängt meistens mit der Drehnung oder dem Quellen der Fasern bei Feuchtigkeitsaufnahme zusammen. Papierfasern haben die Eigenschaft, sich in der Querrichtung mehr zu dehnen als in der Längsrichtung. Wo die Fasern aber nach allen Richtungen verteilt sind, wie zum Beispiel in handgeschöpftem Papier, kann sich die Ungleichheit in der
UNANGENEHMES FALTENSCHLAGEN ODER WELLIGWERDEN DER PAPIERRÄNDER
Corps 10
Les Gorges du Diable, hier encore bien inconnues, mais aujourd'hui célèbres, ont été décrites, la plupart du temps, par des voyageurs encore sous le coup de la première impression. Il est permis de croire que les sages, qui ont l'habitude de se tenir en garde contre les surprises de l'exagération, dispensatrice aveugle des
APPROUVÉ PAR LE MINISTÈRE FRANÇAIS DE L'INSTRUCTION PUBLIQUE
Corps 12
Zwei Genien sind es, welche uns die Natur zu Begleitern durchs Leben schenkte. Der eine, gesellig und hold, verkürzt uns durch sein munteres Spiel die mühevolle Reise, macht uns die Fesseln der Notwendigkeit leicht und führt uns unter Freude und Scherz bis an gefährliche Stellen
VERWENDUNG VON SPEZIALISTEN FÜR DEN FLUGZEUGBAU
Corps 14
Die Natur ist sich im Laufe der Jahrtausende, während der das Menschengeschlecht mit seinen Freuden und Leiden, seiner Lust und Schmerzen den Erdball bevölkert, immer treu geblieben; auf sie läßt sich daher allein der Ausspruch
ERSTE SCHWEIZERISCHE UHRENMESSE IN ZÜRICH
Corps 16
Parmi les sciences qui ont fait de grands progrès au cours de ces vingt dernières années, on peut ranger la photométrie, c'est-à-dire la mesure des intensités
CHANGEMENTS AUX SERVICES INDUSTRIELS
Corps 20
Eröffnung der Wintersaison in Montana
Besondere Merkmale unserer Schriften
Sitten und Lebensweise der Naturvölker
JAHRESBERICHT DES FORSTAMTES
Corps 24
Zweites Laufentaler Bezirksturnfest
Industrie und Gewerbe im Rhonetal
AUSVERKAUF VON SPIELWAREN
Corps 28
Situation financière vaudoise
Hôtel-Restaurant Monbrillant
MAGASINS DU PRINTEMPS
Corps 36
Neuzeitliche Bauwerke
Luzerner Handelsbank
ZEITUNGS-DRUCKER
Corps 48
Chemische Fabrik
GEMEINDEHAUS

在「Graphic 57」博覽會結束之前，霍夫曼已經向斯滕貝爾公司通報過關於新字體的事宜，但是這次交流帶給他的感覺很難說清楚。就像他告訴米丁格的，「儘管斯滕貝爾公司的人沒有真正評估字體優劣的專業能力，但他們還是表達了對我們這款新字體的讚賞。他們還給我看了由漢斯·博恩(Hans Bohn)設計的兩款字體，一款是Clarendon體的Bold Extended級，以及另一款Grotesk體的Bold Extended級，看上去市場前景會不錯，至少在瑞士是這樣的。」[41]儘管斯滕貝爾的管理層並沒有在口頭認可之後就付諸行動，但他們還是同意了把Helvetica納入萊諾排版機的字庫中，但這已經是霍夫曼提出請求兩年之後的事了。這次合作成功要歸功於銷售經理海因茨·奧爾(Heinz Eul)，他成天奔忙在廣告公司和印刷廠之間，注意到由競爭對手伯濤德公司和鮑爾公司生產的Akzidenz Grotesk體和Folio Grotesk體「很符合德國版式設計師對無襯線字體的期望」。在他的強烈推薦下，New Haas Grotesk體終於在1959年6月出現在斯滕貝爾公司的產品目錄上了。[42]由於對市場充滿信心，開發機器排版用的字體也提上了日程。」在霍夫曼離開法蘭克福幾天之後，路德維希·斯滕貝爾告訴他「這款字體的正文字號將很快出現在萊諾排版機上了」。[43]

但是，這個好消息只是意味著清除了第一個障礙，當哈斯公司把全套所有字號和所有級數的字體發送到法蘭克福之後，才發現由於機械和手工的要求完全不同，所有的字母都需要重新繪製。斯滕貝爾因此有些惱怒，說道:「我們很遺憾你們在做字模的時候沒有事先跟萊諾公司商量一下。」[44]霍夫曼也完全意識到了這個問題，針對指責，他也做了技巧性的回應，他指出事實上早在1957年5月他就提示過萊諾公司「新字體開發正在繼續推進」，他接

41. 愛德華德·霍夫曼寫給馬科斯·米丁格，1957年10月31日。
42. 海因茨·奧爾(Heinz Eul)寫給斯滕貝爾公司(Stempel)，1959年6月16日。
43. 路德維希·斯滕貝爾(Jr.)(Ludwig Stempel Jr.)與艾伯哈特·舒特寫給哈斯字體鑄造所，1959年6月24日。
44. 瓦爾特·H·庫茲與艾伯哈特·舒特寫給哈斯字體鑄造所，1959年7月30日。
45. 愛德華德·霍夫曼寫給斯滕貝，1959年7月31日。

著說，「我們也有自己的原因，那個時候無法一直等你們的進一步反應。」[45]

霍夫曼確實有自己的原因，他很確信，如果萊諾公司在一開始就參與進來的話，就不會對做一款新的無襯線字體產生任何興趣了。這樣的排斥態度可能會給整個項目帶來巨大的風險，基於哈斯公司與斯滕貝爾公司在所有權上的層級關係，這個項目很可能被否決。另一個事實是，萊諾公司曾在1954年就採用過一款哈斯公司的字體Normal Grotesk，霍夫曼必須把這個情況也考慮進去。此外，還有Futura體、Erbar Grotesk體、Neuzeit Grotesk體，以及1958年的Akzidenz Grotesk體，他們已經有這麼多無襯線字體了，所以再做一款同類產品的可能性就非常小。但需要知道的是，萊茵河兩岸的審美差異是非常大的。在當時的德國，像恩斯特・斯奈德

宣傳單，20世紀30年代。
路德維希與邁耶字體創作與木製品加工機械廠。
法蘭克福，德國。

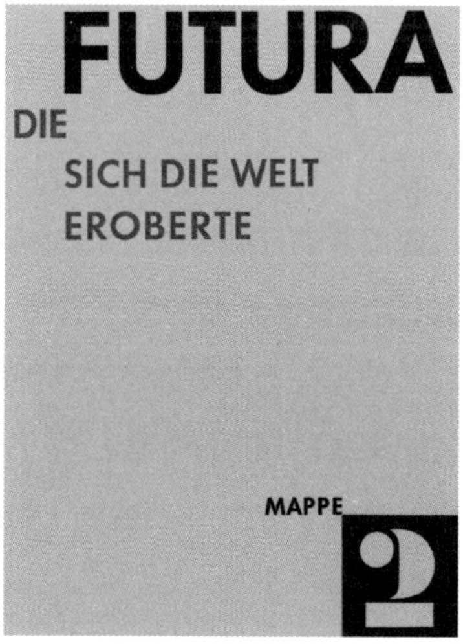

廣告宣傳品，20世紀30年代。
鮑爾字體創作所，法蘭克福，德國。

● 大型字體公司總是用誇張和讓人印象深刻的語言去描述自己的產品，以獲得客戶的關注。他們的字體要麼「美極了」，要麼「征服了世界」。接近20世紀50年代末的時候，新無襯線字體的競爭達到了頂點。Erbar體和Futura體已經不大可能再在市場上收復失地了，它們已經敗給了像例如Helvetica這樣的新字體（見153頁）。

（F. H. Ernst Schneider）這樣的版式設計大師在這個領域具有非凡的影響力。他被視為斯圖加特學院的代表人物，而這個學校的巨大影響力甚至要追溯到第二次大戰以前。這樣的大師還包括吉格·特魯普（Georg Trump）和海爾曼·紮普夫（Hermann Zapf）。當時的字體設計還主要依賴於從書法和筆刷痕跡中獲取靈感，而且襯線字體也依然很受歡迎。[46]很顯然，只有既成事實直接擺到法蘭克福人面前，霍夫曼才有成功的可能。

最後是瓦爾特·菲斯（Walter Fisch）說服了萊諾公司的總經理魯道夫·約特（Rudolf Hörter）來一起合作這個專案。米丁格曾經推薦過菲斯來接替自己在哈斯公司的位置，他是一個很好的顧問，霍夫曼和米丁格兩人都很重視他的意見。此外，作為一個成功的推銷員，他對New Haas Grotesk體的成功起了非常重要的作用。在拜訪法蘭克福的一個月後，他把一份名單發送給斯滕貝爾公司的另一位經理艾伯哈德·蘇特（Eberhard Sutter），這份名單上有超過62位印刷商的名字，他們都對這款可用於機器排版的新字體有興趣。這樣，蘇特也成為了繼奧爾之後又一位被新字體的魅力打動的經理。有了這些材料，蘇特也很容易讓約特打消懷疑，加入到為新字體投贊成票的行列中來。1959年7月28日，萊諾公司致電阿爾弗雷德·霍夫曼（這位愛德華德的愛子當時正擔任哈斯公司的副總），告訴了他這個好消息。但是在隨後寄過來的書面確認[47]中又額外註明了「因為這款新字體跟其他現成的無襯線字體拉開了一點差異，所以萊諾公司才決定把它納入到排版機的字庫中……就此，約特先生將不再考慮接納其他任何一款無襯線字體了」。[48]

46. 希伯特·雷希內（Herbert Lechner），《現代字體設計史：從施蒂格利茨到陰級射線》（*Geschichte der modernen Typographie: Von der Steglitzer Werkstatt zum Kathodenstrahl*），慕尼黑，1981年，第167-178頁。
47. 瓦爾特·H·庫茲與艾伯哈特·舒特寫給哈斯字體鑄造所，1959年7月29日。
48. 瓦爾特·H·庫茲與艾伯哈特·舒特寫給哈斯字體鑄造所，1959年7月30日。

Die Neue
Haas
Grotesk
Satzklebebuch
überreicht von der Haas'schen Schriftgießerei AG Münchenstein

環裝活頁字體應用參照系統，1960年。
約瑟夫．繆勒．布魯克曼（Josef Müller-Brockmann）

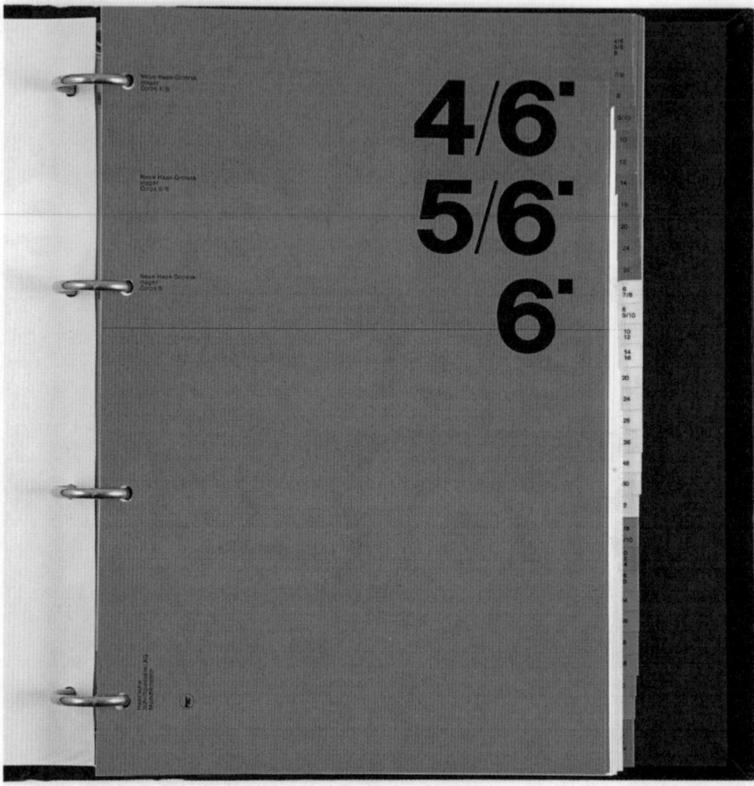
4/6"
5/6"
6"

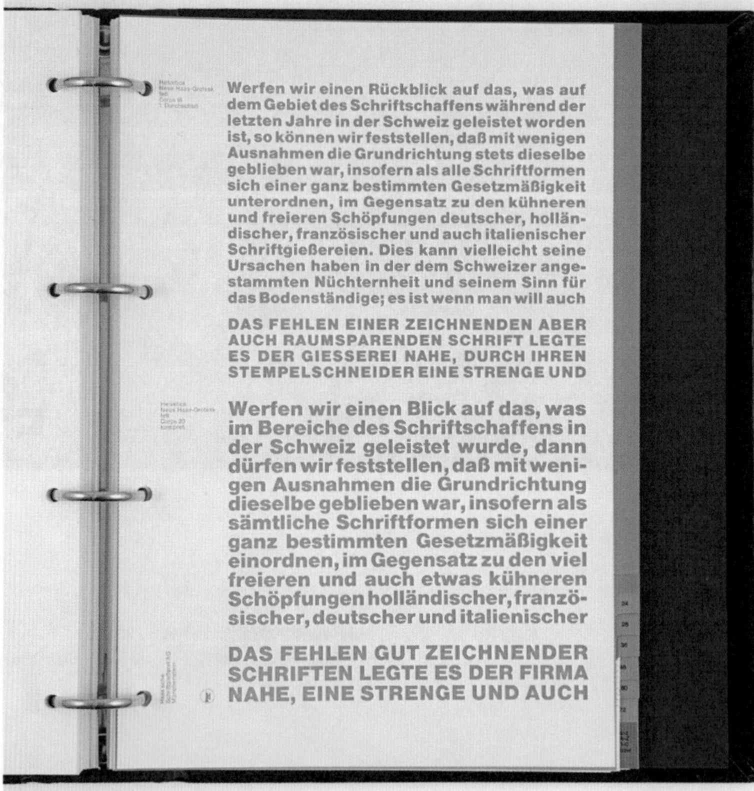
Werfen wir einen Rückblick auf das, was auf dem Gebiet des Schriftschaffens während der letzten Jahre in der Schweiz geleistet worden ist, so können wir feststellen, daß mit wenigen Ausnahmen die Grundrichtung stets dieselbe geblieben war, insofern als alle Schriftformen sich einer ganz bestimmten Gesetzmäßigkeit unterordnen, im Gegensatz zu den kühneren und freieren Schöpfungen deutscher, holländischer, französischer und auch italienischer Schriftgießereien. Dies kann vielleicht seine Ursachen haben in der dem Schweizer angestammten Nüchternheit und seinem Sinn für das Bodenständige; es ist wenn man will auch
DAS FEHLEN EINER ZEICHNENDEN ABER AUCH RAUMSPARENDEN SCHRIFT LEGTE ES DER GIESSEREI NAHE, DURCH IHREN STEMPELSCHNEIDER EINE STRENGE UND
Werfen wir einen Blick auf das, was im Bereiche des Schriftschaffens in der Schweiz geleistet wurde, dann dürfen wir feststellen, daß mit wenigen Ausnahmen die Grundrichtung dieselbe geblieben war, insofern als sämtliche Schriftformen sich einer ganz bestimmten Gesetzmäßigkeit einordnen, im Gegensatz zu den viel freieren und auch etwas kühneren Schöpfungen holländischer, französischer, deutscher und italienischer
DAS FEHLEN GUT ZEICHNENDER SCHRIFTEN LEGTE ES DER FIRMA NAHE, EINE STRENGE UND AUCH

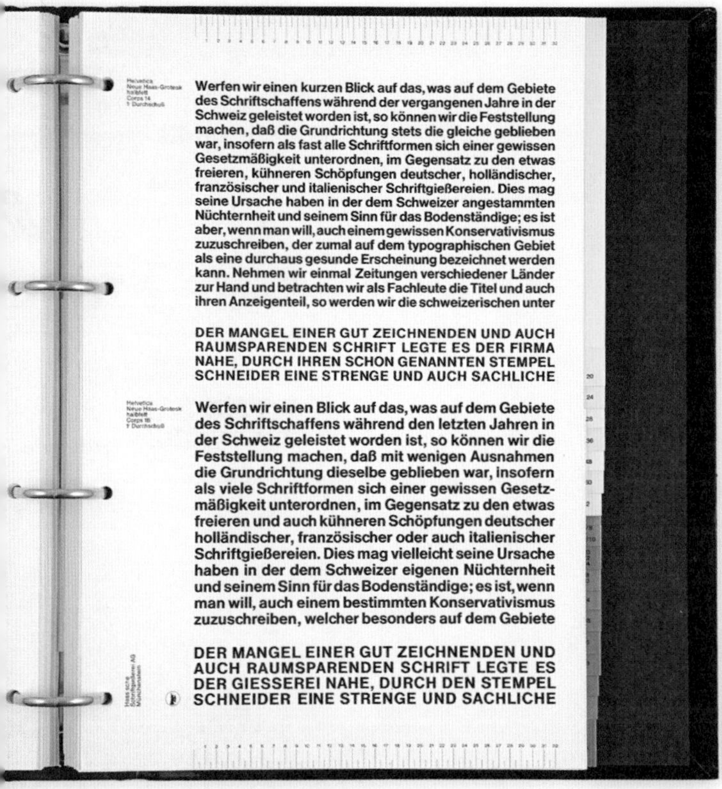

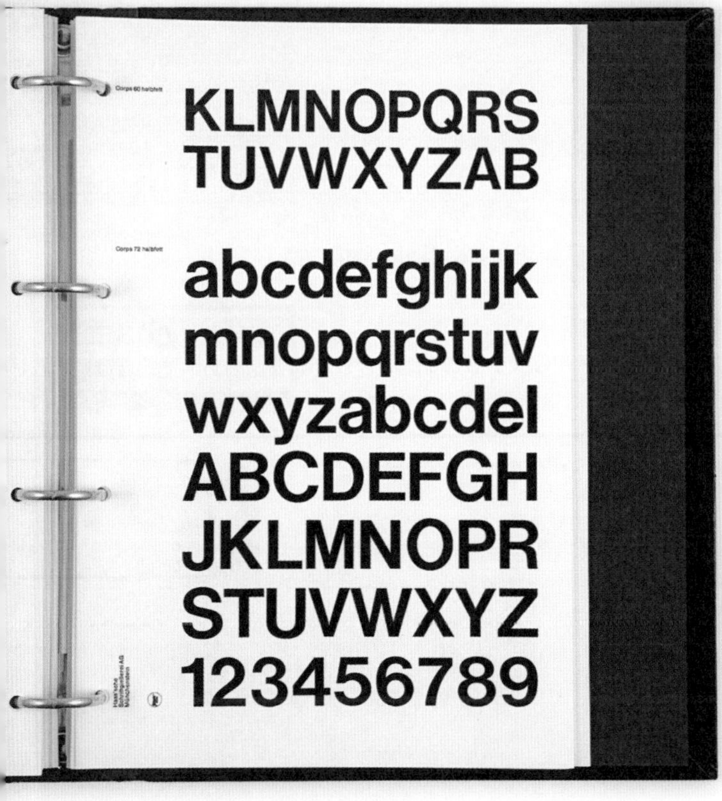

● 巴塞爾學院的版式設計大家對New Haas Grotesk體並不太熱衷，當愛德華德．霍夫曼清楚地意識到這一點時，在1960年，他決定去找蘇黎世的約瑟夫．繆勒．布魯克曼（Josef Müller-Brockmann）來設計一本急需的字體應用手冊。布魯克曼為哈斯公司創作了一個活頁字體應用參照系統，這一下子大獲全勝。幾年後，斯滕貝爾公司發佈了所有Helvetica體的樣品。在這份設計清晰、簡潔的手冊中，根據不同的字號與行距需求，在多頁中羅列了字體應用的版式樣本。這些文字其實很值得細讀的，黑字印在白底上，也有紅字印在白底上。在彩色印刷與電腦出現之前，這種字體應用的樣頁是設計版式的最佳參照。

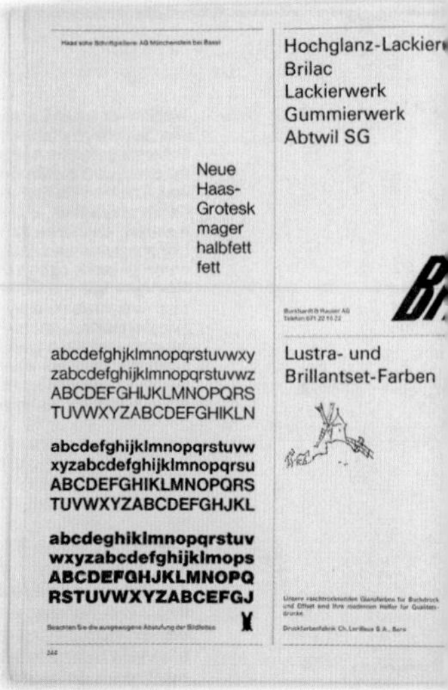
Hochglanz-Lackier
Brilac
Lackierwerk
Gummierwerk
Abtwil SG

Neue
Haas-
Grotesk
mager
halbfett
fett

abcdefghjklmnopqrstuvwxy
zabcdefghijklmnopqrstuvwz
ABCDEFGHIJKLMNOPQRS
TUVWXYZABCDEFGHIKLN

abcdefghijklmnopqrstuvw
xyzabcdefghijklmnopqrsu
ABCDEFGHIKLMNOPQRS
TUVWXYZABCDEFGHJKL

abcdeghiklmnopqrstuv
wxyzabcdefghijklmops
ABCDEFGHJKLMNOPQ
RSTUVWXYZABCEFGJ

Lustra- und
Brillantset-Farben

bc
gp
EF
RRR
aaa
Hambu
Hambu
Hambu
Hambu

charlie
chaplin
ciné club lausann
ciné
club

〈關於New Haas Grotesk體的思考〉
《字體月刊》，1961年5月4日。

● 1958年至1961年間，愛德華德．霍夫曼在《字體月刊》陸續發表了數篇文章來宣傳New Haas Grotesk體。在這一期，他非常詳盡地解釋了這款字體開發過程中非常關鍵的一些想法。同時，文章還通過案例來演示該字體在當下流行的瑞士版式中的運用。他還模仿了巴塞爾的製藥和化學工業的廣告樣式，虛構了一個品牌「bana」，模擬了一套完整的廣告。這在50年代曾引起了狂熱的追捧。（見129頁）

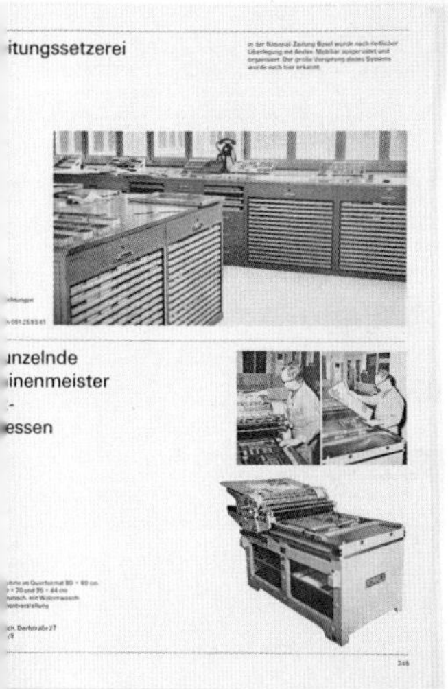
itungssetzerei
ınzelnde
ɔinenmeister
essen

Über 100 Tonnen Papier.
So entsteht das gute Biberister Papier
Immer das richtige Papier – Biberister Papier
Considérations sur la Nouvelle Antique Haas
Einige Gedanken zur Neuen Haas-Grotesk
am
sw
MW

Q
G
R

Die enger als üblich gehaltenen Typen-Zwischenräume erhöhen die Lesbarkeit dieser Schrift. Beachten Sie die ausgewogene Abstufung der Bildfetten.
Die enger als üblich gehaltenen Typen-Zwischenräume erhöhen die Lesbarkeit dieser Schrift. Beachten Sie die ausgewogene Abstufung der Bildfetten.
Die enger als üblich gehaltenen Typen-Zwischenräume erhöhen die Lesbarkeit dieser Schrift. Beachten Sie die ausgewogene Abstufung der Bildfetten.
JET
Dès maintenant TWA met en service le Boeing Super Jet sur la ligne Genève-New York. Plus de changement! Seule une courte escale à Paris vient interrompre votre route vers New York. Empressez-vous de profiter de ce tout nouveau service TWA et retenez aujourd'hui déjà votre place chez votre agent de voyage habituel ou à la TWA, 14, rue du Mont-Blanc, Genève, 32 66 00
der Mann übertreibt
Es ist sinnlos, dem Wagen noch länger nachzujagen. Viel wichtiger ist, die Aufmerksamkeit seiner Erscheinung zu widmen. Hätte er es früher gewußt: Temporas erleichtert die tägliche Rasur, und jede Fahrt wird zum reinsten Vergnügen. Er gewinnt kostbare Minuten und braucht sich nie mehr mit Riesenschritten außer Atem zu bringen. Ein gehetzter Mann wird zum ruhig-gepflegten Herrn. Verlangen Sie sofort eine unverbindliche Demonstration

ciné club de lausanne Rapport annuel, saison 1960-61
ciné
club
toute correspondance: case ville 803 lausanne

force et santé
santé
bana
bana
Le Vario-Clichographe
Heinz Taudt, ingénieur diplômé, directeur technique de Hell, Kiel

新名字

但是，這款新字體的名字需要改一下，因為萊諾公司覺得New Haas Grotesk這個名字「無法構成足夠吸引」[49]，奧爾建議叫做「Helvetia」，因為它聽起來跟它的誕生地瑞士有些聯繫。[50]霍夫曼卻不太同意，因為有個縫紉機品牌和一家保險公司也叫這個名字。後來他提議改成「Helvetica」，這樣不但自己滿意，同時也不會觸犯奧爾，這個名字很快被斯滕貝爾公司認可了。只有約特持保留意見，他認為Helvetica「對於外國人來說，聽起來有點民族主義的味道」，他想要避免「引起民族主義感覺的話題」。[51]不過最後，約特再一次接受了大家的意見，對新名字投了贊成票。

剛開始的時候，只有印刷機字體採用了Helvetica這個名字，瑞士的手工排版鉛字依然保留了New Haas Grotesk這個名字好幾年，其實這也有道理，因為哈斯的原始字形輪廓和後來的萊諾排版機用字體之間還是有些非常細微、不易為人察覺的差異。大寫字母的字高被壓縮了「大約2%」，為的是「讓該字體與標準大寫字母保持同樣的大小」。[52]小寫字母也做了類似的修正，用斯滕貝爾公司的字模師阿托爾．里策（Arthur Ritzel）的話說就是「為了符合視覺性原則和易讀性需求而進行的調整」。[53]他還調整了Regular級和Bold級中的字距，[54]讓Regular級看起來更加流暢一些，讓Bold級看上去更緊密一些。[55]這樣，哈斯版和萊諾版這先後兩個字體版本並不完全一致，但這也沒太大關係，因為「有的印刷商喜歡哈斯版的，而有的卻喜歡萊諾版的」，所以霍夫曼對這些調整也並不擔心，畢竟基本比例都保留了下來。[56]

~~~~~~

49. 路德維希．斯滕貝爾（Jr.）與艾伯哈特．舒特寫給哈斯字體鑄造所，1959年6月24日。
50. 海因茨．奧爾寫給斯滕貝爾，1959年6月16日。
51. 瓦爾特．H．庫茲與艾伯哈特．舒特寫給哈斯字體鑄造所，1959年7月29日。
52. 瓦爾特．H．庫茲與艾伯哈特．舒特寫給哈斯字體鑄造所，1959年7月30日。
53. 引自奧托．里策爾（Arhur Ritzel）的筆記本，摘自魏爾納．辛普夫（Werner Schimpf）寫給阿爾弗雷德．霍夫曼的信件，2007年7月18日。
54. 瓦爾特．H．庫茲與艾伯哈特．舒特寫給哈斯字體鑄造所，1959年7月30日。
55. 引自奧托．里策爾的筆記本，2007年7月18日。
56. 愛德華德．霍夫曼寫給斯滕貝，1959年7月31日。
~~~~~~

宣傳廣告，1963年。
Hollenstein工作室，巴黎。

宣傳廣告，1963年。
哈斯鑄字公司

helvetica
Die Helvetica hat unter den heutigen Groteskschriften insofern eine Sonderstellung, als die Buchstabenabstände enger und die Mittellängen etwas höher als bisher üblich gehalten sind. Es hat sich nämlich an Hand vieler Versuche erwiesen, daß das Schriftbild auf solche Weise an Geschlossenheit, Ruhe und Lesbarkeit gewinnt. Das dichte Satzgefüge überrascht zudem mit einem neuartigen Rhythmus, der ungewöhnlich reizvoll wirkt und großen Anklang gefunden hat. Wie richtig diese Schrift konzipiert und wie gelungen das Ergebnis ist, zeigt der große Erfolg, den die «Helvetica» in kurzer Zeit aufzuweisen hat. Viele Druckereien und führende Ateliers, namhafte Typografen und Grafiker bedienen sich ihrer in zunehmendem Maße, und das Echo aus allen Kreisen ist ungewöhnlich, wie die vielen anerkennenden Zuschriften zeigen. Wir begegnen ihr auf Schritt und Tritt in Zeitungen und Zeitschriften, in Anzeigen und Prospekten, Plakaten sowie vielen anderen Drucksachen. Allgemeiner Zuspruch und Verkaufserfolge waren so ermutigend, daß im Laufe der letzten Monate zu den bereits vorhandenen mageren, halbfetten, fetten und Kursiv-Schnitten eine breite magere und eine breite halbfette Helvetica dazugekommen sind. Die vielseitigen Anwendungsmöglichkeiten dieser aktuellen Schrift werden noch erweitert durch die Linotype-Matrizen, welche für die «Helvetica mit halbfetter» von 6-12 p und für «Helvetica mit Kursiv» von 6-12 p zur Verfügung stehen. Für die halbfette Helvetica sind Plakatschriftgrößen in Holz und in Kunstharz lieferbar.
Haas'sche
Schriftgießerei AG
Münchenstein

與此同時，想要在市場上獲得成功，時間也是非常重要的。[57]鮑爾鑄字公司在瑞士的字體銷售額明顯下滑，正在竭力宣傳他們的新產品Folio Grotesk體，這款字體由因特泰普公司（Intertype）發行，而這家公司正是萊諾公司最大的競爭對手。在競爭過程中，兩家鑄字公司都用盡了手段，比如哈斯的銷售代表瓦爾特·菲斯（Walter Fisch）就想盡辦法去摸清斯滕貝爾公司銷售經理的脾氣和喜好。由於瑞士的平面設計家們反映Folio體的筆劃有點過於纖細，鮑爾公司就加大了印刷機的壓力，讓這款字體的宣傳材料上看上去更實在。接著爭取大客戶的戰鬥打響了。

現在斯滕貝爾公司也要面對挑戰了。儘管哈斯公司對前景已經很樂觀，但萊諾公司為常規正文所準備的6磅、8磅和10磅的鉛字要到1960年才能生產出來。而且為了滿足那些大報紙的需要，12磅也是急需的，而廣告版則需要中間的字號比如7磅或8磅。菲斯告訴法蘭克福萊諾公司的字模師，如果Helvetica的鉛字不能及時生產出來的話，像瑞士最大的報紙《每日導報》（*Tages Anzeiger*）、《蘇黎世日報》（*Tagblätt der Stadt Zürich*）、或者《格拉那消息》（*Glarner Nachrichten*）等這樣的大客戶將會考慮採用因特泰普公司的Folio Grotesk體了。[58]此外，萊諾公司的約特也擔心本公司的其他字體的市場會不會由於Helvetica的出現而受到影響。[59]作為鉛字廠家，斯滕貝爾公司有著良好的產品規劃和很高的生產效率，完全可以滿足以上兩種不同的需求。[60]

就如霍夫曼和菲斯為瑞士市場所做的一樣，奧爾和斯滕貝爾的藝術總監艾里克·舒爾茨·安克（Erich Schulz-Anker）也在準備為德國市場做一份有說服力的宣傳材料（見68、69、71頁），甚至他們打算為這份材料專門製作一些特別的字形，比如說把大寫「R」的下斜筆劃做成直的。

當斯滕貝爾公司和萊諾公司不再擔心來自Folio體的威脅時，霍夫曼已經開始以極大的熱情投入到在瑞士發行Helvetica的事情中去了。1960年他取得了一個重要的階段性勝利，因為他已經成功說服繆勒·布魯克曼來為Helvetica設計「一本包含了文本、段落和字母表的字體應用手冊」(見57-59頁)，這就意味著從某種程度上會影響廣告行業的人去接受這款字體。[61]因為繆勒·布魯克曼是當時非常重要的平面設計領袖之一，他為蘇黎世音樂廳設計的海報在當時享有盛譽。從1958年起，他開始擔任蘇黎世工藝美術學院的平面設計系主任，同年他還跟卡爾洛·維瓦萊利（Carlo Vivarelli）、里查德·保羅·勞瑟（Richard Paul Lohse）和漢斯·紐伯格（Hans Neuburg）一起創立了著名的前衛設計雜誌《新平面設計》（*New Graphic Design*）。[62]在那個時代，電腦還沒有問世，設計師們還在用鉛筆和膠水來做印刷品設計。布魯克曼設計的這本字體剪貼簿式的應用手冊在當時產生了巨大的影響力，它上面有全套字號的類比文字，設計師可以用尺子和刀子把它直接剪下來貼到他需要設計的頁面上，這為設計師帶來了極大的便利。這本字體應用手冊構思巧妙、美觀大方，但卻超出了哈斯公司的廣告預算——排版印刷裝訂全部手工，厚達4.5厘米——但在霍夫曼眼裡，這筆投資是值得的。[63]

57. 瓦爾特·菲斯（Walter Fisch）寫給艾伯哈特·舒特，1959年7月23日。
58. 哈斯公司寫給斯滕貝爾公司的信件記錄，1960年9月7日。
59. 魯道夫·約特（Rudolf Hörter）寫給斯滕貝爾公司，1960年9月15日。
60. 斯滕貝爾公司寫給萊諾公司，1960年9月30日。
61. 霍夫曼，《這個與那個》，第56頁。
62. 霍里斯，《瑞士平面設計》，第164-168頁、第205-206頁。
63. 霍夫曼，《這個與那個》，第56頁。

與此同時，霍夫曼繼續在《字體月刊》上發表系列文章。1960年4月，他撰寫了一篇文章來介紹自1924年以來哈斯公司出品的字體，[64]其中有一段是專門總結了Helvetica的創作歷程。一年後他發表了另一篇文章〈關於New Haas Grotesk的思考〉[65](見128頁)，這篇文章後來也被引用到了另一本字體應用手冊裡。[66]雜誌的編輯們也陸陸續續地介紹了Helvetica不同字型大小的鉛字，只是前後的心態並不完全一致——在開始時還讚頌該字體為「本月最佳字體」，後來這個說法就不再提了[67]——當然也並不是每個月都會選最佳字體。這種態度的變化可以在1960年1月刊上的一篇短文上清晰地看出來，只是輕描淡寫地提到這款字體可以用於機器排版了:「從一份在德國印製的傳單中我們可以得知，有一款新的機用字體叫做Helvetica，它體現了我們這個時代的『瑞士風格』版式，它均衡、清晰、精緻而且邏輯性強。」[68]這種純屬禮貌性的介紹與他們對待Univers體的熱烈追捧完全不同。在1958年的一篇前言中，艾米·路德引用了他在1957年寫的一篇介紹文字之後，還附了數頁該字體的廣告，[69]在1961年1月號上他甚至把全刊都用來介紹Univers體。

鑒於該雜誌的這種態度，愛德華德·霍夫曼在菲斯的建議與幫助下拜訪了繆勒·布魯克曼，同時也希望通過他來獲得其他蘇黎世平面設計師的支持。他的策略被證明是正確的。艾米·路德已經成為Univers的鼓吹者，

~~~~~~

64. 愛德華德·霍夫曼，〈從1942年起哈斯字體鑄造所的字體設計 / 門與斯泰因 / 巴塞爾〉，《字體月刊》，第4輯(1960年4月)，第218頁。

65. 愛德華德·霍夫曼，〈關於New Haas Grotesk的思考〉，《字體月刊》，第4輯(1960年4月)，第218頁。

66. 《Helvetica：關於一款新字體的一些想法》(*Helvetica : Einige Gedanken über eine neue Schrift*)，由哈斯鑄字所出版，門興斯泰因，1962年。

67. 這個系列從《字體月刊》第3輯(1959年3月，第165頁)開始。首先介紹的是「New Haas Grotesk『NHG』semibold」，接下來是在第1輯(1960年1月，第29頁)中介紹NHG regular，然後是在第10輯(1961年10月，第619頁)中介紹NHG semibold(再次介紹)，在第12輯(1962年12月，第757頁)中介紹NHG wide semibold。

68. 〈簡介什麼是最新的〉(Neues in Kürze)，《字體月刊》，第1輯(1960年1月)，第3頁。

69. 艾米·路德，Univers 55，12磅的字模樣品，阿德里安·弗倫提格(Adrain Frutiger)設計，德伯尼(Deberny)與佩諾鑄字所(Peignot Foundry)，巴黎，《字體月刊》第7/8輯(1958年7/8月，第381-388頁)。
~~~~~~

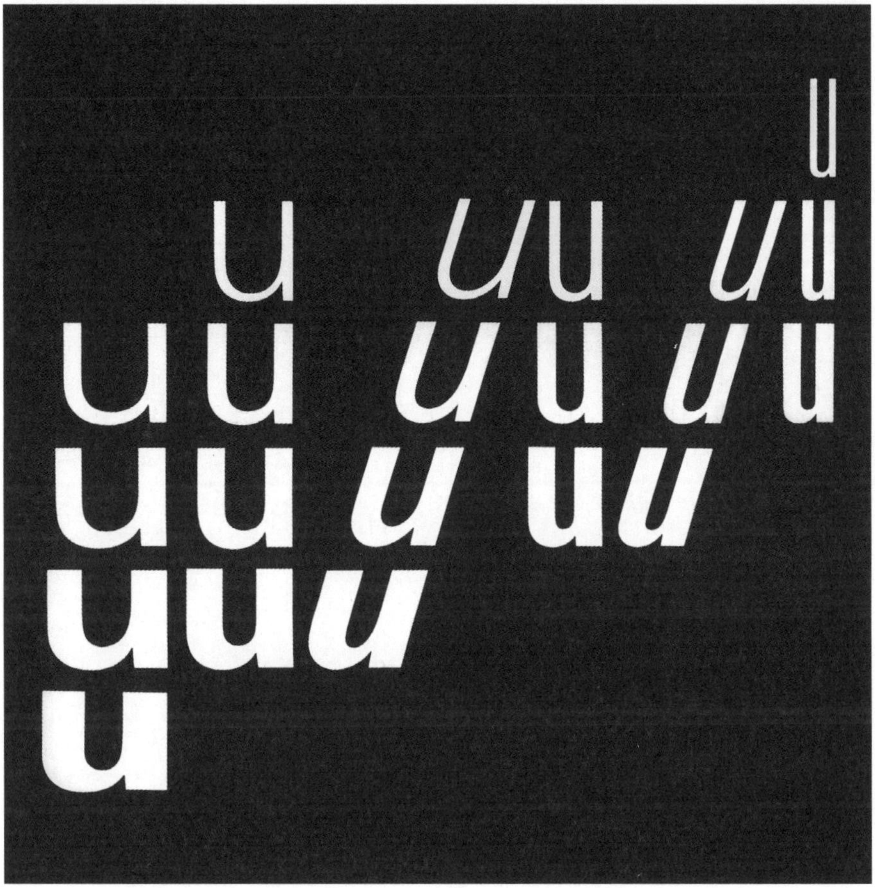

Univers體，1952－1957年。

設計：阿德里安·弗倫提格（Adrian Frutiger）

● Univers體也曾在盧塞恩的「Graphic 57」博覽會上展出。該字體為了描述一套字體的不同級數所採用的數位編號系統後來成為了字體識別的標準。橫軸是來辨別字體的粗細，採用十進位（50 = Regular級，60 = Semibold級，70 = Bold級，等等），縱軸是來辨別字寬的風格以及字身傾斜度的（右上，Italic）；（5 = Normal級，6 = Normal Italic級，7 = Condensed級，8 = Condensed Italic級，等等）。

斯滕貝爾公司的期刊廣告
《印刷之鏡》雜誌，1960年2月。
文字與設計：Olaf Leu
用Helvetica體做的虛構廣告樣本

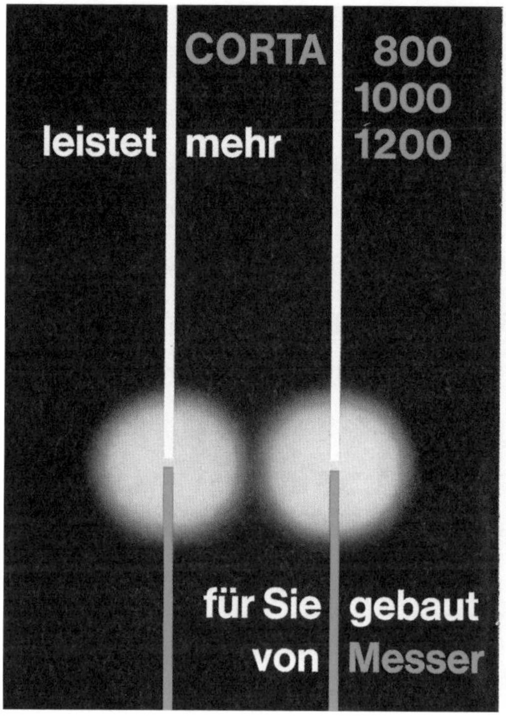
CORTA
800
1000
1200
leistet
mehr
für Sie
gebaut
von
Messer

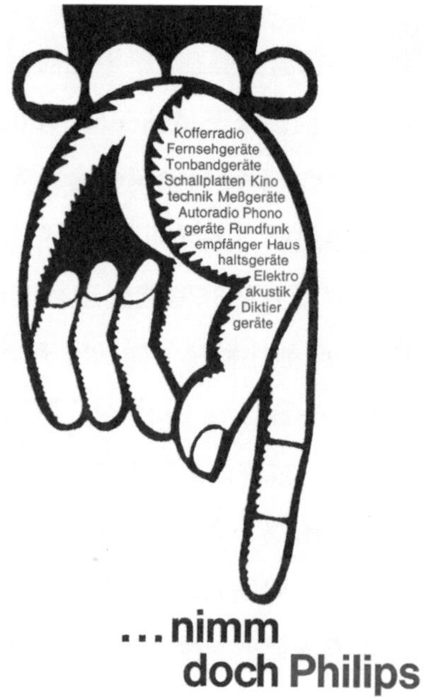
Kofferradio
Fernsehgeräte
Tonbandgeräte
Schallplatten Kino
technik Meßgeräte
Autoradio Phono
geräte Rundfunk
empfänger Haus
haltsgeräte
Elektro
akustik
Diktier
geräte
...nimm
doch Philips

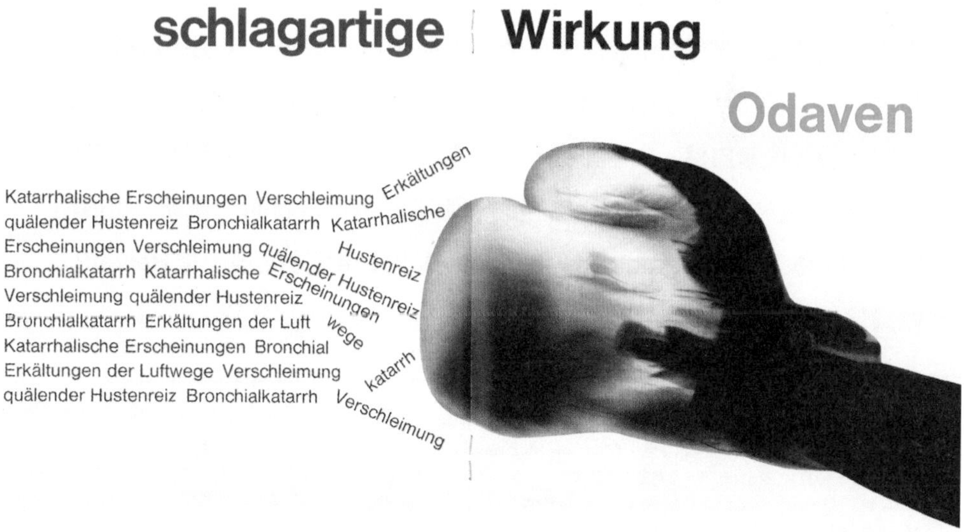
schlagartige
Wirkung
Odaven
Katarrhalische Erscheinungen Verschleimung
quälender Hustenreiz Bronchialkatarrh
Erscheinungen Verschleimung
Bronchialkatarrh Katarrhalische
Verschleimung quälender Hustenreiz
Bronchialkatarrh Erkältungen der Luft
Katarrhalische Erscheinungen Bronchial
Erkältungen der Luftwege Verschleimung
quälender Hustenreiz Bronchialkatarrh
Erkältungen
Katarrhalische
Hustenreiz
quälender Hustenreiz
Erscheinungen
wege
katarrh
Verschleimung

繆勒·布魯克曼在《新平面設計》的編輯同事漢斯·紐伯格最初雖然有些謹慎，但後來還是站在Helvetica一邊。針對來自巴塞爾的地域偏見，他早在1959年12月就開始發表支援哈斯公司新字體的文章。[70]在開篇時他就直接點明：「在《新平面設計》的專欄中來介紹哈斯公司的新字體，這清楚地表明我們非常推崇這款字體。」[71]與當時仍然如日中天的Akzidenz Grotesk體比較時，他做出了如下結論：「這款新字體比伯濤德公司的無襯線體（Akzidenz Grotesk）更加均衡緻密，在一段緊湊的文字中表現得更加整齊，或許還更加流暢。」紐伯格甚至還大膽地預測這款新字體將會「擁有大量粉絲」。[72]這篇評論是以一段該字體應得的讚揚結尾的，「不管怎麼說，這款哈斯公司的新字體都對無襯線字體的完善做出了貢獻，尤其是將會推動人們對無襯線字體價值的認可，激發人們的興趣，讓更多人接受與喜歡。」[73]

這篇文章相當於是在為Helvetica授勳，也算是對這款新字體的成功蓋棺論定。但從反面來看，兩種完全向左的觀點也預示了巴塞爾學院和蘇黎世學院的戰鬥一觸即發。50年代末期，兩校之間的爭端已經完全透明化了。這一方是艾米·路德，他本人的版式設計風格嚴謹、但又充滿活力，文字排列流暢，這跟Univers體所體現出來的字形苗條、比例優雅得當的特點相當匹配；另一方是約瑟夫·繆勒·布魯克曼和漢斯·紐伯格，他們的版式設計樸素自然，文字排列緊致，因此更傾向於穩定、密實、實在的Helvetica體。這也在1963年出版的一個手冊中得以證明，漢斯·紐伯格和內利·魯丁（Nelly Rudin）採用了一種現代「瑞士」風格，與Helvetica體簡直是絕配。

70. 漢斯·紐伯格，〈新哈斯無襯線字體〉（The new Haas sans-serif type），《新平面設計》（*New Graphic Design*），第4輯（1959年12月），第51-56頁。文章是為了回應艾米·路德先前的文章〈Univers，阿德里安·弗倫提格設計的一款新無襯線字體〉（Univers, eine neue Grotesk von Adrian Frutiger），發表於《新平面設計》，第2輯（1959年7月），第55-57頁。

71. 漢斯·紐伯格，〈新哈斯無襯線字體〉，第56頁。

72. 漢斯·紐伯格，〈新哈斯無襯線字體〉，第56頁。

73. 漢斯·紐伯格，〈新哈斯無襯線字體〉，第56頁。

廣告，1964年。
哈斯鑄字公司

● Helvetica被選定為在盧塞恩舉辦的瑞士國家會展博覽會的公務字體。

英文版的字體樣本，1967年。
斯滕貝爾公司

Light
Regular
Regular Italic
Medium
Bold
Bold Compact Italic
Regular Extended
Bold Extended
Extra Bold Extended
Regular Condensed
Bold Condensed
Extra Bold Condensed
hel
ve
tica
hel
ve
tica
D. Stempel AG
Typefoundry
Frankfurt am Main

國際認可和全球成功

有很多跡象表明，Helvetica體恰好挑動了時代精神的某根神經，這首先是從競爭對手那得到了驗證。在萊諾公司開始啟動Helvetica字體專案後不久，蒙納公司就修改了Grotesk 215體中的12個字母的字形，這些改動讓他們在瑞士市場大受歡迎，也讓他們感受到了「瑞士」風格(見159頁)的力量。後來，在一次廣告活動中，蒙納公司又進一步做了另一個重要決定:「大約550個字模要重新修改。」[74]更多的鑄字公司也陸續跟進，在他們自己的字體中或多或少地摻入Helvetica字母，比如都靈的Fonderia Nebiolo鑄字公司或者米蘭的Fonderia Cooperativa鑄字公司(見160頁)。令人震驚的是，連伯濤德公司也加入到這個行列中來，把Akzidenz Grotesk體和Akzidenz Grotesk series 57體的Regular級和Semibold級中的大寫字母「R」的右腿改為彎曲的。鮑爾鑄字公司也準備了兩個版本的「R」。

74. P. M. 漢多夫(P. M. Handover)，《「endstrichlose」字體的歷史真相，我們為無襯線字體的取名》(*Geschichtliches über die endstrichlose Schrift*)，伯爾尼，1962年，第35頁。

廣告冊，1963年。
設計：漢斯．紐伯格(Hans Neuburg)與內利．魯丁
（Nelly Rudin）

● 漢斯．紐伯格曾在蘇黎世的設計雜誌《新平面設計》上推介過New Haas Grotesk體，這次他與內利．魯丁一起為Helvetica設計了一本廣告手冊。這時，原先的名字New Haas Grotesk被更簡練的Helvetica完全代替了，即便在瑞士也是一樣。

2
Inhaltsverzeichnis
3
Grade, Nummern und Gewichte
mager
kursiv
halbfett
fett

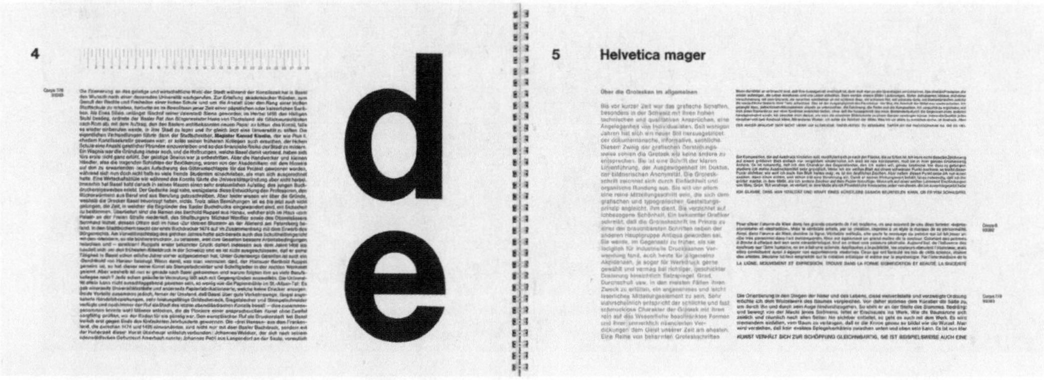
4
d
e
5
Helvetica mager

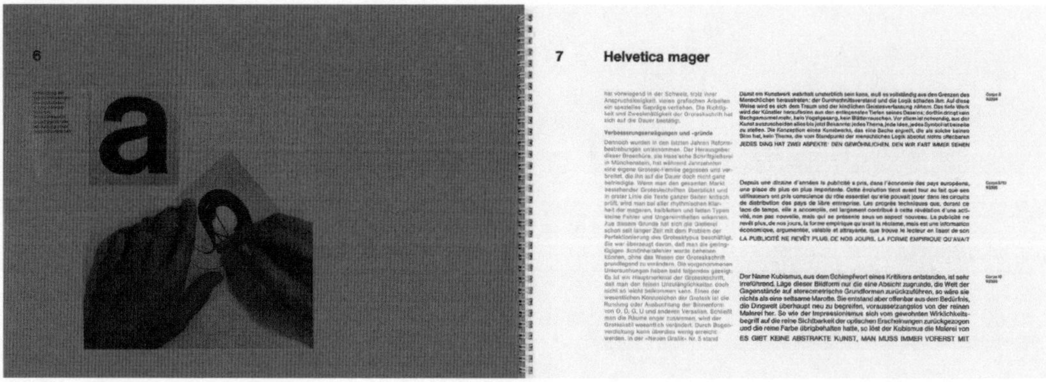
6
a
7
Helvetica mager

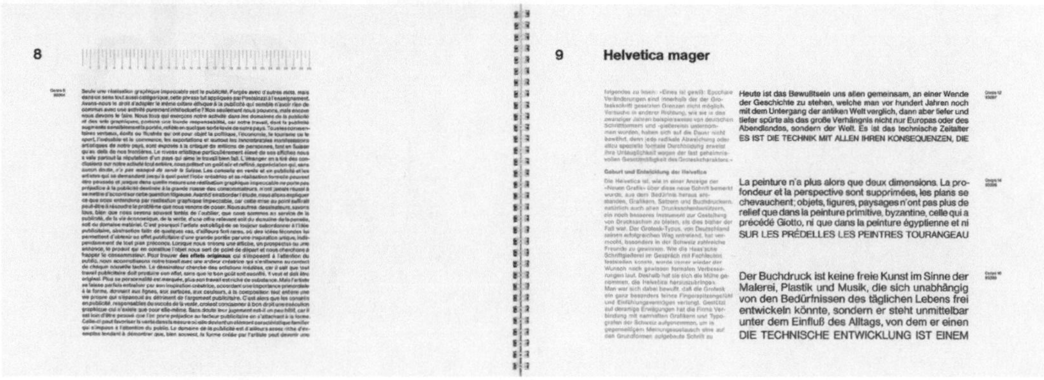
8
9
Helvetica mager
Heute ist das Bewußtsein uns allen gemeinsam, an einer Wende der Geschichte zu stehen, welche man vor hundert Jahren noch mit dem Untergang der antiken Welt verglich, dann aber tiefer und tiefer spürte als das große Verhängnis nicht nur Europas oder des Abendlandes, sondern der Welt. Es ist das technische Zeitalter
ES IST DIE TECHNIK MIT ALLEN IHREN KONSEQUENZEN, DIE
La peinture n'a plus alors que deux dimensions. La profondeur et la perspective sont supprimées, les plans se chevauchent; objets, figures, paysages n'ont pas plus de relief que dans la peinture primitive, byzantine, celle qui a précédé Giotto, ni que dans la peinture égyptienne et ni
SUR LES PRÉDELLES LES PEINTRES TOURANGEAU
Der Buchdruck ist keine freie Kunst im Sinne der Malerei, Plastik und Musik, die sich unabhängig von den Bedürfnissen des täglichen Lebens frei entwickeln könnte, sondern er steht unmittelbar unter dem Einfluß des Alltags, von dem er einen
DIE TECHNISCHE ENTWICKLUNG IST EINEM

10

fg

11 **Helvetica mager**

Der Gedanke, daß ein Gerät durch seine Funktion auch Form erhält und daß gerade das Unverhüllte und Sichtbarwerden des technischen Vorganges zu seiner Schönheit beiträgt, hat sich heute erfreulicherweise durchzusetzen
DIE DRUCKSCHRIFT UNSERER ZEIT

Depuis l'évolution de la lettre-bois jusqu'aux caractères des fonderies modernes d'aujourd'hui, le dessin des caractères a pu rebuter le graphologue, car même les italiques les plus pures et les plus finement
EFFORT DE DIVERS FONDEURS

12

Das Wunderbarste war aber doch, daß auf dem runden Rücken unseres Sterns zwischen diesem magnetischen Tuch und den Gestirnen so ein menschliches Bewußtsein lebte, in dem dieser Regen sich spiegeln konnte. Auf unweltlichen Gesteinsschichten kann man nur Wunder träumen. Mir kommt die Erinnerung an einen Traum. Einmal war ich mitten im dichten Sand notgelandet und wartete auf den Morgen. **Die goldgelben Hügel** boten dem Monde ihre leuchtenden Seiten, die Schattenseiten aber, sie stiegen schwarz bis zu der Lichtscheide empor. In dieser Riesenhalle aus Licht und Schatten herrschte der Friede der Arbeitsruhe, aber auch ein tückisches Schweigen, in dessen Mitte ich beruhigt einschlief. Beim Erwachen sah ich nichts als das tiefe schwarze Becken des Nachthimmels, denn ich lag mit ausgebreiteten Armen rücklings auf einem Dünengrat und sah ins Sternengewimmel. Ich war mir damals noch nicht so recht klar, wie tief dieses Meer ist, und so faßte mich der Schwindel, als ich es ganz plötzlich entdeckte. Ich fand keine Wurzel, an die ich mich klammern konnte und kein Dach und kein Zweig war zwischen diesem Abgrund und mir. Ich war schon losgelöst und begann hineinzufallen wie ein Taucher ins Meer. Aber ich fiel nicht. Ich fühlte mich vom Kopf bis zu den Zehen mit unzähligen Banden der Erde verknüpft. Es war beruhigend, ihr mein Gewicht zu überlassen: die Schwerkraft schien mir allgewaltig wie die Liebe. Ich fühlte, daß die Erde meinen Rücken stützte, mich hielt, mich hob und schließlich in die große Weite der Nacht führte. Ich fühlte mich der Erde verbunden mit einem Druck, der dem glich, der uns in Kurven auf den Führersitz preßt. Ich genoß diese herrliche Stütze, ihre Festigkeit und Sicherheit. Unter mir fühlte ich den gebogenen Rumpf meines Flugzeuges. Das Gefühl, gehoben zu werden, war so deutlich, daß es mich nicht erstaunt haben würde, wenn in dem Schoß der Erde die Hebel und Streben gestöhnt hätten, so wie alte Segelschiffe knarren, wenn sie sich aufrichten oder anlegen, oder wie verärgerte Flußkähne mürrisch ächzen. Jedoch in der Tiefe der Erde blieb es still. *Nur der Druck an meinen Schultern blieb*, ausgeglichen und ewig gleich. Ich überdachte meine Lage. Ich war verloren in der Wüste und furchtbar bedroht, nackt zwischen Sand und Sternen, fern von meinem Leben einem Übermaß von Stille ausgeliefert. Hier besaß ich gar nichts, ich war nichts als ein armer Verirrter, der wohlig fühlte, daß er atmete. Und dennoch durfte ich entdecken, wie reich an Träumen ich war. Sie kamen zu mir, lautlos wie das Wasser einer Quelle, so daß ich mir zuerst das Glücksgefühl nicht zu deuten

13 **Helvetica mager**

Der richtige Gebrauch von Schrift irgend welcher Art ist nur eine Angelegenheit des Geschmacks. Dieser läßt sich
FARBIGE DRUCKSACHEN

La sortie de presse du premier livre imprimé à Mayence marque beaucoup plus la fin au
FORMES ANTIQUES

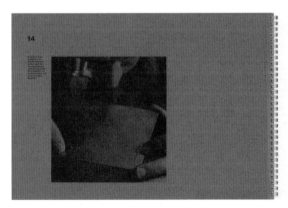

14

15 **Helvetica mager**

Trachte immerzu zum Ursprunge einzugehen, dann wirst auch du bald den guten Sinn des Menschseins
BUCHDRUCKER

16

Damit ein Kunstwerk wahrhaft unsterblich sei, muß es vollständig aus den Grenzen des Menschlichen heraustreten: dann Logik und Durchschnittsverstand schaden ihm. Auf diese Weise wird es sich dem Traum und einer kindlichen Geistesverfassung nähern. Das tiefe Werk kann der Künstler heraufholen aus den entlegensten Tiefen seines Daseins: *dorthin dringt kein Bachgemurmel*, kein Vogelgesang und kein Blätterrauschen mehr. Vor allem ist noch notwendig, aus der Kunst auszuschalten alles bis jetzt Bekannte, jedes Thema, jede Idee, jedes Symbol ist beiseite zu stellen. Die Konzeption des Kunstwerks, das eine Sache ergreift, die als solche keinen Sinn hat, die vom Standpunkt der menschlichen Logik auch absolut nichts sagen will, ich sage eine solche Offenbarung oder Konzeption muß so stark sein, muß solche Freude oder solchen Schmerz bereiten, daß wir zum Malen gezwungen sind, so wie der Ausgehungerte, in ein Stück Brot zu beißen, das ihm in die Finger kommt. An einem klaren Wintertag befand ich mich im Schloßhof von Versailles. Alles war still und schweigsam. Alles sah mich an mit einem fremden und fragenden Blick. Da sah ich, daß ja jeder Schloßwinkel, jede Säule, jedes Fenster eine Seele hatte, die ein Rätsel war. Ich sah die steinernen Helden ringsum an, die unbeweglichen unter dem klaren Himmel, unter den kalten Strahlen der Wintersonne, die ohne Liebe leuchtet wie **die tiefen Gesänge**. Da fühlte ich **das ganze Mysterium**, das die Menschen treibt, gewisse Dinge zu schaffen. Und die Schöpfung schien mir noch mysteriöser als die Schöpfer. Jedes Ding hat zwei Aspekte: den gewöhnlichen Aspekt, den wir fast immer sehen und den jedermann sieht, und den geisterhaften und metaphysischen, den nur seltene Individuen sehen mögen in Momenten der Hellsichtigkeit und metaphysischer Abstraktion. Ein Kunstwerk muß etwas aussagen, was wir nicht in

h

17

Der Künstler braucht sich heute nicht mehr um kleinliche Einzelheiten zu bemühen, dafür ist die Photographie da, die es viel besser und schneller macht. Es ist nicht mehr Sache der Malerei, Ereignisse aus der Geschichte darzustellen; die findet man in Büchern. Von der Malerei haben wir eine **höhere Meinung.** Sie dient dem Künstler dazu, seine inneren Visionen auszudrücken. Sehen ist in sich schon eine schöpferische Tat, welche eine Anstrengung verlangt. Alles, was wir im täglichen Leben sehen, wird mehr oder weniger durch unsere erworbenen Gewohnheiten entstellt. Die zur Befreiung von den Bildfabrikaten notwendige Anstrengung verlangt einen gewissen Mut und dieser Mut ist für den Künstler unentbehrlich, der so sehen muß, als ob er es zum erstenmal sähe. Man muß zeitlebens so sehen können, wie man als Kind die Welt ansah, denn *der Verlust dieses Sehvermögens* bedeutet gleichzeitig den Verlust jeden originalen Ausdrucks. Ich behaupte, daß nichts für den Künstler schwieriger ist, als eine Rose zu malen, weil er, um sie zu schaffen, zuerst alle vor ihm gemalten Rosen vergessen muß. Der Maler muß jene Einfalt des Geistes haben, die ihn zu glauben macht, daß er nur malte, was er sah. Leute, die vorsätzlich Stil machen und sich freiwillig von der Natur entfernen, haben die Wahrheit verfehlt. Es gibt zwei Arten, die Dinge auszudrücken: die eine ist, sie brutal zu zeigen, die zweite

18 Alphabet, mager

abcdefghijklmno
pqrstuvwxyz
ßchck
ABCDEFGHIJKL
MNOPQRSTUV
WXYZ R

19 Akzente und Zeichen, mager

ÆŒÇØŞ
æœáàâäåãçéèê
ëğíìîïijñóòôö
õøşúùûü ´`^¨~°
.,:;-’„”«*+/—
!?([†§&£$

20 Ziffern, mager

21 Ziffern, mager

12345678901234567890123456789012345678900
123456789012345678901234567890
1234567890123456789012345678
1234567890123456789012345
1234567890123456789
12345678901234

22

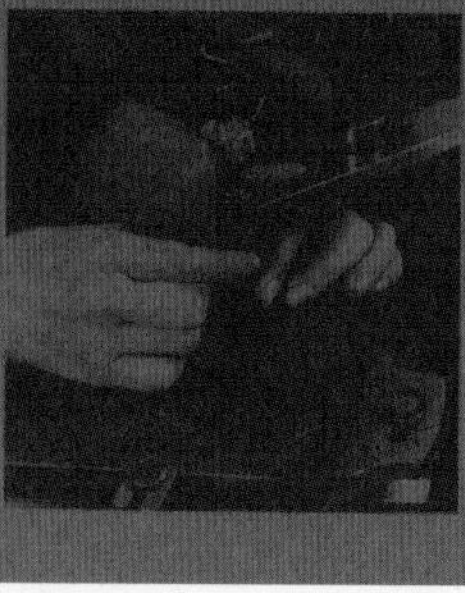

23 Helvetica Kursiv mager

24 Helvetica Kursiv mager

Unter allen Schweizer Städten hat die Stadt Basel in den letzten Jahrzehnten vielleicht die größte Anzahl von schärfer profilierten Künstlerindividuen hervorgebracht. Damit wird nicht behauptet, daß sie nun alle über dieses Gebiet hinaus von großer Bedeutung wären. Die von nahen Kantonsgrenzen auf eine RÜCKBLICK AUF DIE ENTWICKLUNGEN UNSERES SCHRIFTSCHAFFENS

En la circonstance, l'histoire des métiers du livre est d'un grand exemple. L'introduction de la machine à composer les lignes blocs dans les imprimeries de presse a permis, grâce à sa rapidité de production, de créer les journaux à six pages, puis à huit et même UNE ÉTONNANTE RÉVOLUTION DANS L'HISTOIRE DU LIVRE

Ganz harmlos fing es an. Jeder hat sich schon einmal über schlechte Filme geärgert und hat sich in solchem Augenblick gewünscht, in Zukunft nur noch gute Filme zu sehen. Aber nicht jeder verfällt dann gleich auf die FILMKUNST UND ANSPRUCHSVOLLES PUBLIKUM

An einem Sonntag im Monat August zieht ganz Rom hinaus an den bekannten Badestrand von Ostia, um dort den traditionellen Feiertag des Ferragosta zu begehen. Die Kamera greift hinein SORGEN EINES MEXIKANISCHEN FARMERS

i j

25 Helvetica Kursiv mager

Dès les premiers siècles de notre ère les chrétiens ont été contraints de fabriquer des calendriers à leur usage ou d'annoter ceux des païens. C'est ainsi que l'un des anciens calendriers conservés de ce côté des Alpes ALMANACHS DES TEMPS PASSÉS

Es gibt nicht ein Buch der Weltgeschichte, das in solch grossen Auflagen wie die Bibel über die Erde verbreitet wurde. Sie enthält die heiligen Schriften der Christen und Juden. Ungefähr bis zur ANKAUF ANTIKER SCHRIFTEN

26

27 Helvetica halbfett

28

29 Helvetica halbfett

MAN SOLL ZEITLEBENS SO SEHEN KÖNNEN, WIE MAN ALS KIND DIE WELT ANSAH, DENN

C'EST DANS UN TOUT AUTRE SENS QUE JADIS LES ARTISTES PEIGNAIENT DES

Im Wissen und im technischen Können geht der Weg voran, ein Schritt folgt dem anderen, das Erworbene kann identisch weitergegeben werden, wird Eigentum aller. Damit geht durch die Geschichte der einzelnen Kulturen und aller Kulturen eine Linie wachsenden Erwerbes, aber begrenzt auf das unpersönliche und allgemeingültige Wissen und Können des Bewußtseins überhaupt. Die Weltgeschichte läßt sich in diesem Bereiche als eine Entwicklung in aufsteigender Linie auffassen, zwar mit Rückschlägen sowie
WENN ZWISCHEN FERNEN KULTUREN EIN GEMEINSAMER BESITZ DER

30

kl

31 Helvetica halbfett

Die selbstverständliche Vorstellung einer Geschlossenheit des abendländischen Kulturkreises aus der Weltgeschichte ist heute durchbrochen. Wir können nicht mehr die größten asiatischen Welten beiseite lassen als urgeschichtliche Völker des ewigen Stillstandes. Der Umfang der Weltgeschichte ist universal. Aber
DAS BILD DES MENSCHEN WIRD UNVOLLSTÄNDIG WENN ES

Zum Ewigen hinstrebend, entkleidet der Kubismus die Formen ringsumher ihrer vergänglichen Realität des Pittoresken; er setzt sie in ihre geometrische Reinheit ein. Andere wieder bekämpften das Pittoreske, indem sie die Gegenstandslinien vereinfachten, sie glaubten
DIE DURCHDRINGUNG DER FLÄCHEN UND EBENEN

Les premiers grands artistes qui aient appliqué la technique du collage dans un sens non naturaliste, furent les cubistes, qui intégrèrent aux compositions, comme autant de cubes peints, des surfaces planes découpées aux ciseaux. Ils
LES SURREALISTES, POUR LEUR PART, ONT

32

m

33 Helvetica halbfett

Fonderie de Caractères Haas S.A. Munchenstein

Die ersten Künstler, welche von der Klebetechnik in einer nicht naturalistischen Weise Gebrauch machten
MODESCHAU IM HOTEL HIRSCHEN

Une récente exposition nous a prouvé que qualité et technique
UNE GROUPE DE GRAPHISTES

Für den Maler sind Gegenstände nur Vielfältigkeit von farbigen Flächen. Und
MALERISCHE ELEMENTE

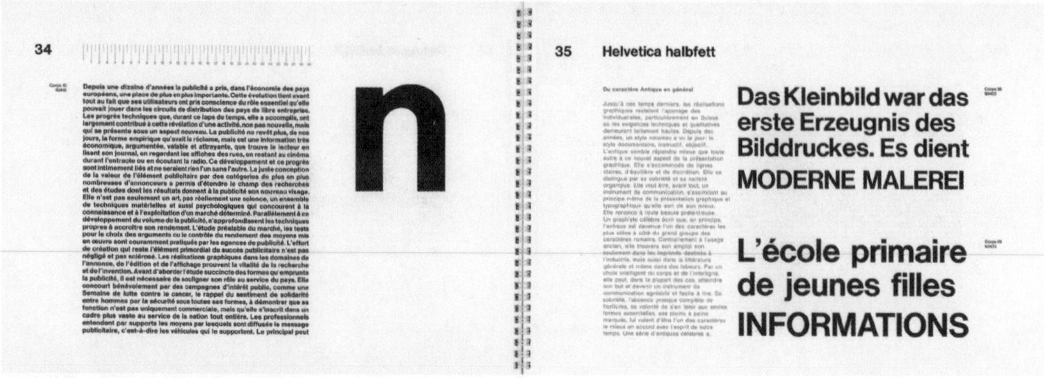

34

n

35 Helvetica halbfett

Das Kleinbild war das
erste Erzeugnis des
Bilddruckes. Es dient
MODERNE MALEREI

L'école primaire
de jeunes filles
INFORMATIONS

36

37 Helvetica halbfett

Gelegenheits-Arbeit
Phantasievolle Type
DIE MUSTERUNGEN

Conseil national
Pension Bellevue

Die Kunst wurde durch die modernen Philosophen und Poeten befreit. Schopenhauer sowie Nietzsche lehrten als erste die Bedeutung des Nicht-Sinns des Lebens und wie dieser Nicht-Sinn verwandelt werden könne in Kunst. Die Ausschaltung des logischen Sinnes der Kunst ist nicht die Erfindung von uns Malern. Das, was die Logik unserer normalen Handlungen und unseres normalen Lebens ausmacht ist ein ständiger Kranz von Erinnerungen und Beziehungen zwischen den Dingen und uns und umgekehrt. Man denke zum Beispiel: ein Mann sitzt in einem Zimmer mit Vogelbauer, Büchern; alles scheint gewöhnlich, weil eine Erinnerungskette immer wieder als logisch erklärt. Aber nehmen wir an, daß für einen Augenblick und aus unerklärlichen und vom Willen unabhängigen Gründen ein Glied aus dieser Kette bricht, wer weiß, wie ich den sitzenden Mann, den Vogelbauer, die Bücher sehen würde; welch ein erschrecktes Erstaunen; die Szene wäre indessen nicht verändert, ich allein wäre es, der sie unter einem andern Blickwinkel sehen würde, und da sind wir beim metaphysischen Aspekt der Dinge. Das wahrhaft Neue was Nietzsche entdeckt hat, ist eine fremdartige und tiefe, grenzenlos mysteriöse Poesie, die ganz auf der Stimmung eines Herbstnachmittags beruht, wenn das Wetter klar ist und der Schatten länger als im Sommer

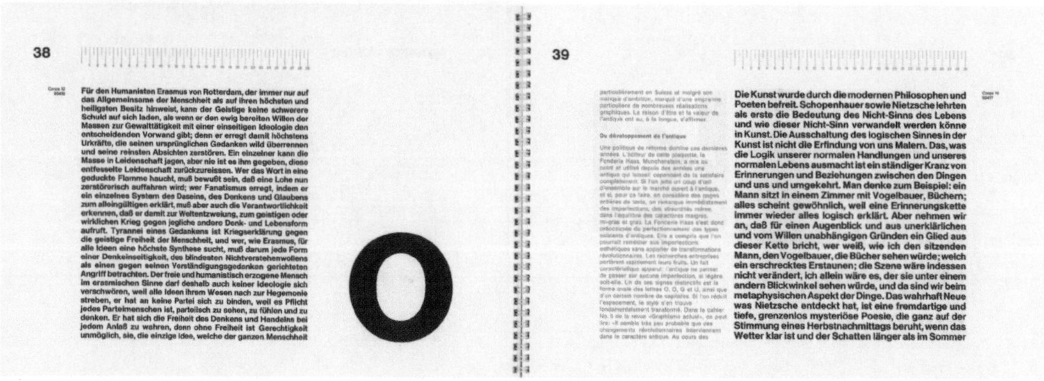

38

o

39

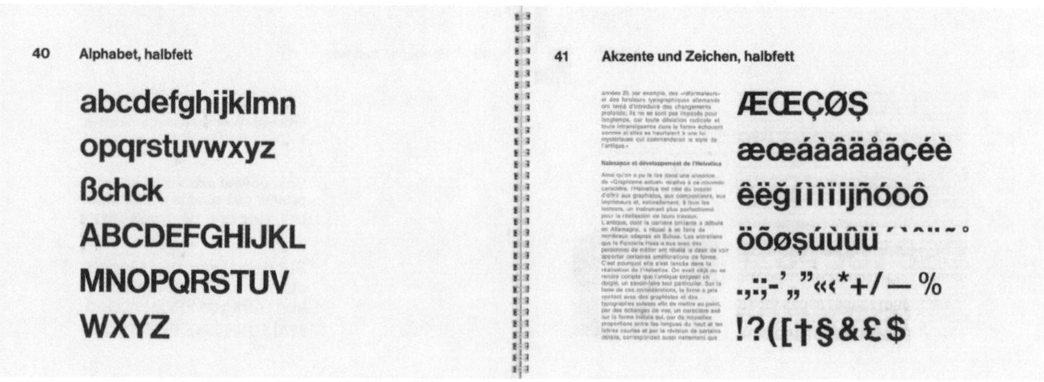

40 Alphabet, halbfett

abcdefghijklmn
opqrstuvwxyz
ßchck
ABCDEFGHIJKL
MNOPQRSTUV
WXYZ

41 Akzente und Zeichen, halbfett

ÆŒÇØŞ
æœáàâäåãçéè
êëğíìîïijñóòô
öõøşúùûü
.,:;-',,"«‹*+/— %
!?([†§&£$

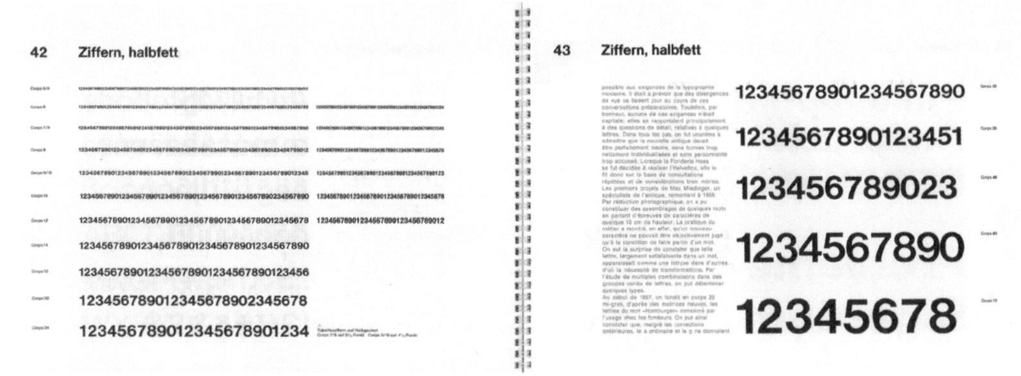
42 Ziffern, halbfett

1234567890123456789012345678901234567890

123456789012345678901234567890123456

123456789012345678902345678

123456789012345678901234

43 Ziffern, halbfett

12345678901234567890

123456789012345 1

123456789023

1234567890

12345678

44

45 Helvetica fett

Critique de l'Helvetica

46 Helvetica fett

p

q

47 Helvetica fett

Bereits schon die der unsrigen vorangehende Künstler-Generation empfand dies als wichtige Notwendigkeit, für ihre Ideen eine neue Ausdrucksform zu finden. Sie bemühten sich, Licht MÖGLICHKEITEN FÜR EINE KLARE RICHTUNG

Un autre aspect non moins important de son art en est le pouvoir de caractération. Qu'elles soient exécutées au pinceau, à la plume ou au crayon, ses compositions ont GRANDES LITHOGRAPHIES EN COULEUR

Die ganze Idee basierte auf dem Prinzip, das wir in peruanischen Stoffen finden: Einhaltung eines bestimmten Rhythmus oder der ARCHITEKTONISCHE AUFGABE

48 Helvetica fett

Der Zweck des Wandbildes bestand darin, ein lichtvolles Muster zu schaffen, dessen Farben und Formen immer wechseln. Um neue Effekte GEBRAUCHSGRAPHIK

In einer Beschränkung auf wenig Töne und auf eher einfache Formen kann eine gewisse Verwandtschaft zu Bildern GEWICHTIGE ASPEKTE

r

s

49 Helvetica fett

Begrenzte Formen
Mehrfarbendruck
Kühne Abstraktion
WERBEAGENTUR

Considération
Un petit corps
Mouvements
COMPOSITION

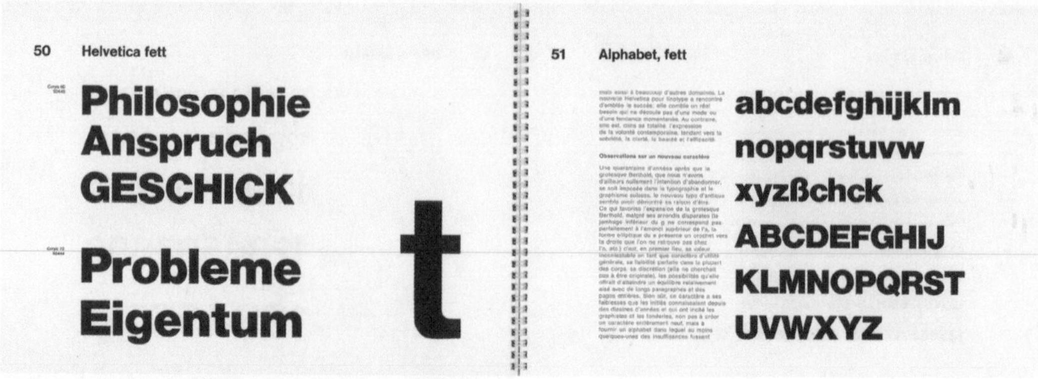
50 Helvetica fett

Philosophie
Anspruch
GESCHICK
Probleme
Eigentum

t

51 Alphabet, fett

abcdefghijklm
nopqrstuvw
xyzßchck
ABCDEFGHIJ
KLMNOPQRST
UVWXYZ

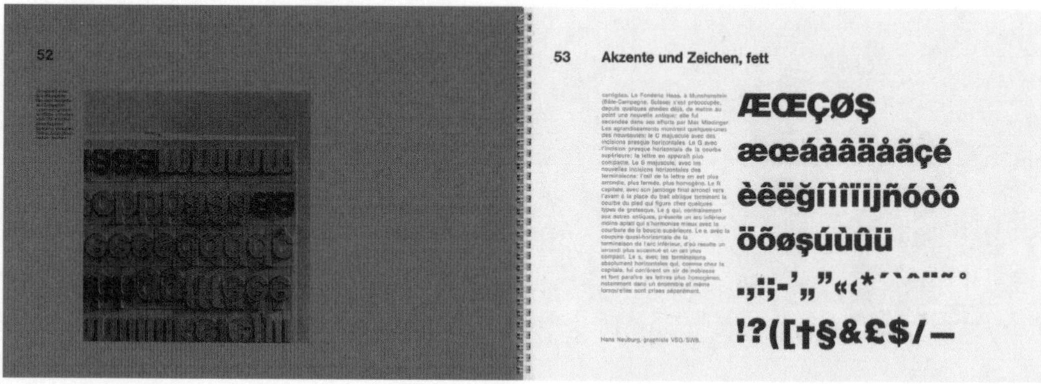
52

53 Akzente und Zeichen, fett

ÆŒÇØŞ
æœáàâäåãçé
èêëğíìîïijñóòô
öõøşúùûü
!?([†§&£$/—

Hans Neuburg, graphiste VSG/SWB

54 Ziffern, fett

1234567890123456789012345678901234
12345678901234567890123456789012
1234567890123456789012345678901234
1234567890123456789012345678901
1234567890123456789012345678901
u

55 Ziffern, fett

Quelques réflexions sur une nouvelle antique

1234567890123456789
12345678902345
12345678902
123456789
12345671

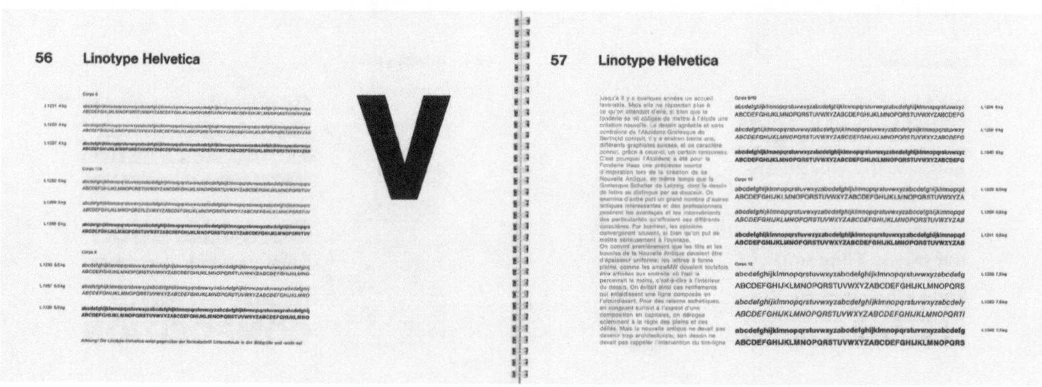
56 Linotype Helvetica

v

57 Linotype Helvetica

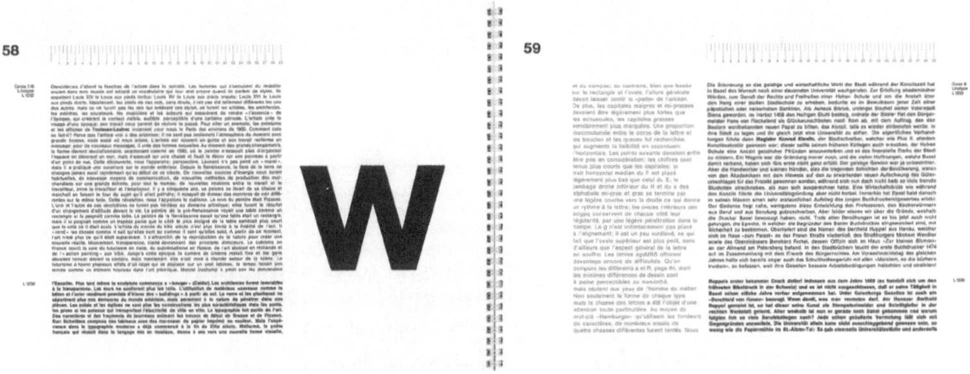
58
w
59

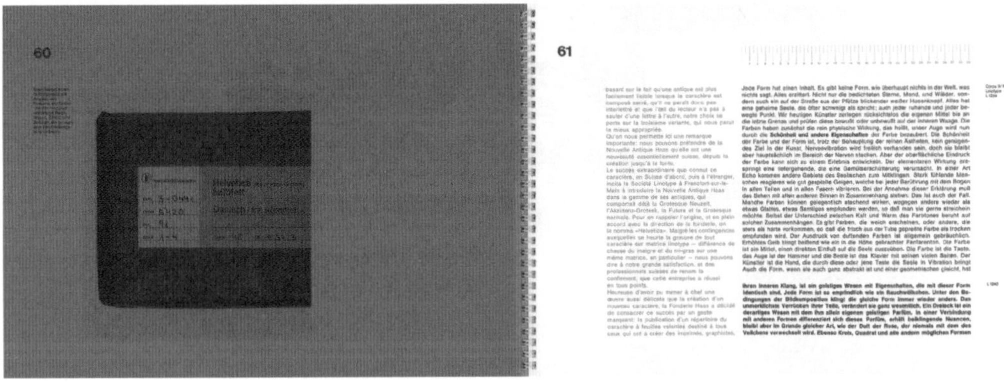
60
61

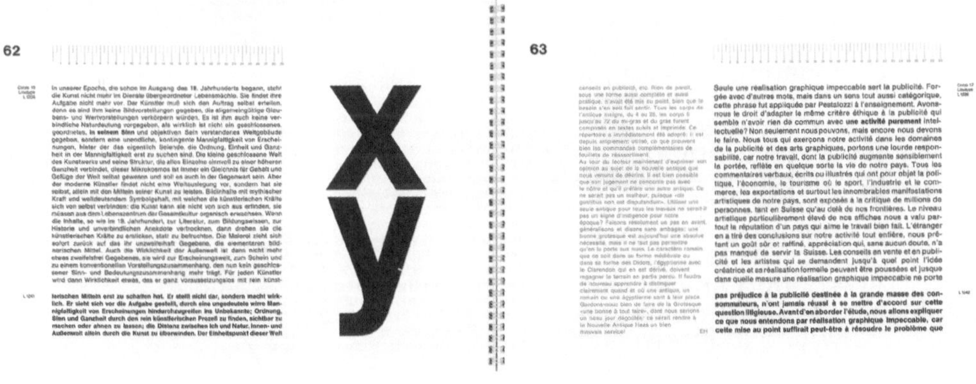
62
x
y
63

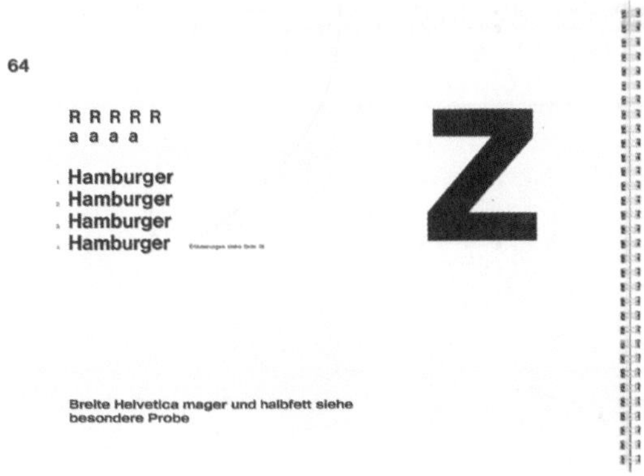
64
R R R R R
a a a a
Hamburger
Hamburger
Hamburger
Hamburger
z
Breite Helvetica mager und halbfett siehe besondere Probe

廣告，1968年。

哈斯鑄字公司

How did the Swiss make HELVETICA work?

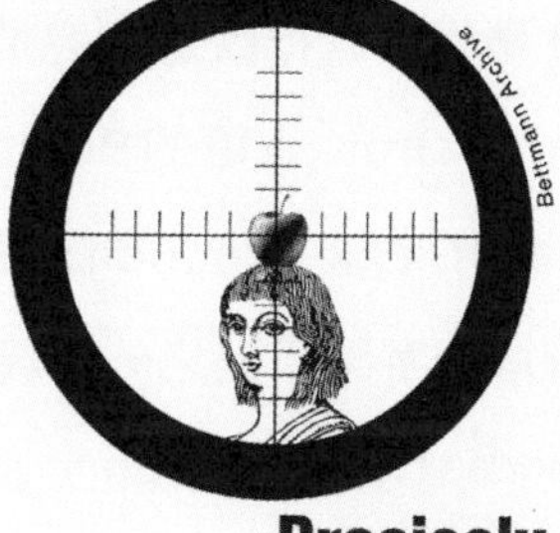

Precisely.

A smooth, structural face with expressive rhythm that always fits, Helvetica has a certain continental flavor.

Helvetica is available in sizes from 8 to 48 point;
Helvetica Italic, 8 to 24 point;
Medium and Bold, 8 to 72 point;
Bold Condensed and Extra Bold Condensed, 8 to 84 point. Machine composition matrices available from Mergenthaler Linotype.
For complete showings write to
Amsterdam Continental Types/Chicago Inc., 429 West Superior St., Chicago, Ill. 60610
—and specify Helvetica.

AMSTERDAM CONTINENTAL TYPES/CHICAGO

Chicago (312) 664-8223
New York (212) 777-4980
Los Angeles (213) 849-6319

PRINTING VIEWS/for the MIDWEST PRINTER & LITHOGRAPHER DECEMBER, 1967 15

廣告，1967年。
阿姆斯特丹大陸字體公司，芝加哥。

Helvetica的成功也從另一方面得到了證明，客戶們紛紛提出要求生產更多磅數的鉛字。哈斯公司的反應也很快，1961年初Regular Italic級也上市了，這要感謝米丁格早在1959年1月就開始設計了。[75]市場需求急增，時間緊迫，哈斯公司不得不選擇公司產品庫中的一些現成字體，在此基礎上進行改造來完成工作。首先，在一些平面設計師的建議下，Normal Grotesk體的Bold級系列在縮減了字身寬度後[76]被改造成Helvetica的Black Expanded級。[77]接下來是Commercial Grotesk體，也是被改造的字體原型之一，這款字體誕生於1940年，是從另一款襯線字體Superba(早期Egyptinne體的一種)演變過來的，在無襯線化時把字腳鑿掉了。[78]在這裡還有兩個級數沒展現，分別取名為Helvetica Bold Condensed和Helvetica Black Condensed，後來在縮緊的鑄字版本中更名為Commerciale Compact和Helvetica Compact。在Black Italic級出產之前，另一款「真實的」Helvetica已經在門興斯泰因開始投產了。令人詫異的是，這次霍夫曼並沒有找米丁格，而是委託了公司的一位年輕設計師阿爾弗雷德·蓋伯(Alfred Gerber)來擔當設計。蓋伯從1964年開始工作，一年後所有的系列就都完成投產了。

字族擴容的工作在法蘭克福進展得更加順利一些。[79]1960年2月，阿托爾·里策已經開始為萊諾排版機制作Regular級和Bold級，一年後開始又製作了米丁格設計的Regular Italic級。由於斯滕貝爾公司的字模師認為

75. 馬科斯·米丁格寫給愛德華德·霍夫曼，1959年1月29日。

76. 霍夫曼，《字體創作》(*Das Schriftschaffen*)，第218頁。那些「一些平面設計師」包括了魏爾納·阿弗爾特(Werner Affolter)，他是位排字師傅，還自己開了一家排字房。他曾經向哈斯公司訂購過一些Wide-bold Normal Grotesk體鉛字(一套字體是一套組合，通常包括一定數量的大寫、小寫字母，以及一些符號與數字)。當他開始排字的時候，他自己覺得字母間距太寬了，這會對單詞的視覺效果造成負面影響。於是，他把所有鉛字退回給哈斯公司，並要求把字身左右的寬度縮減到字母邊緣可以相接。見於阿爾弗雷德·霍夫曼的筆記。

77. 阿爾弗雷德·霍夫曼(Alfred Hoffmann)的筆記。

78. 霍夫曼，《字體創作》，第217頁。

79. 引自奧托·里策爾的筆記本，摘自魏爾納·辛普夫寫給阿爾弗雷德·霍夫曼的信件，2007年7月18日。

字體樣本展示
Normal Grotesk體的
Bold Expanded級
1956年，哈斯鑄字公司。

● Normal Grotesk體的Bold Expanded系列在1962年併入Helvetica字族，更名為Helvetica體的Black Extended級。

廣告冊
Commerciale體的
Compacte級，1965年。
哈斯鑄字公司

● 1970年，Commercial Grotesk體的Semibold級（1940年）和Bold級（1950年）成為了Helvetica體的Bold condensed級和Black Condensed級，Compacte級成為了Helvetica Compact級。

Helvetica體的Compressed級，
1974年。
Matthew Carter與
Hans Jürg Hunziker
梅根塔特萊諾公司，美國。

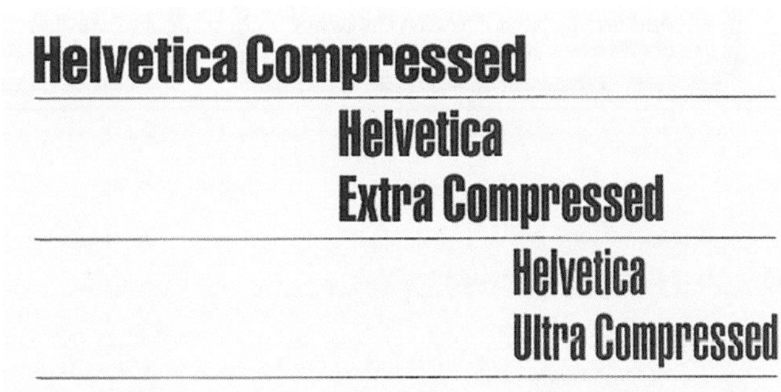

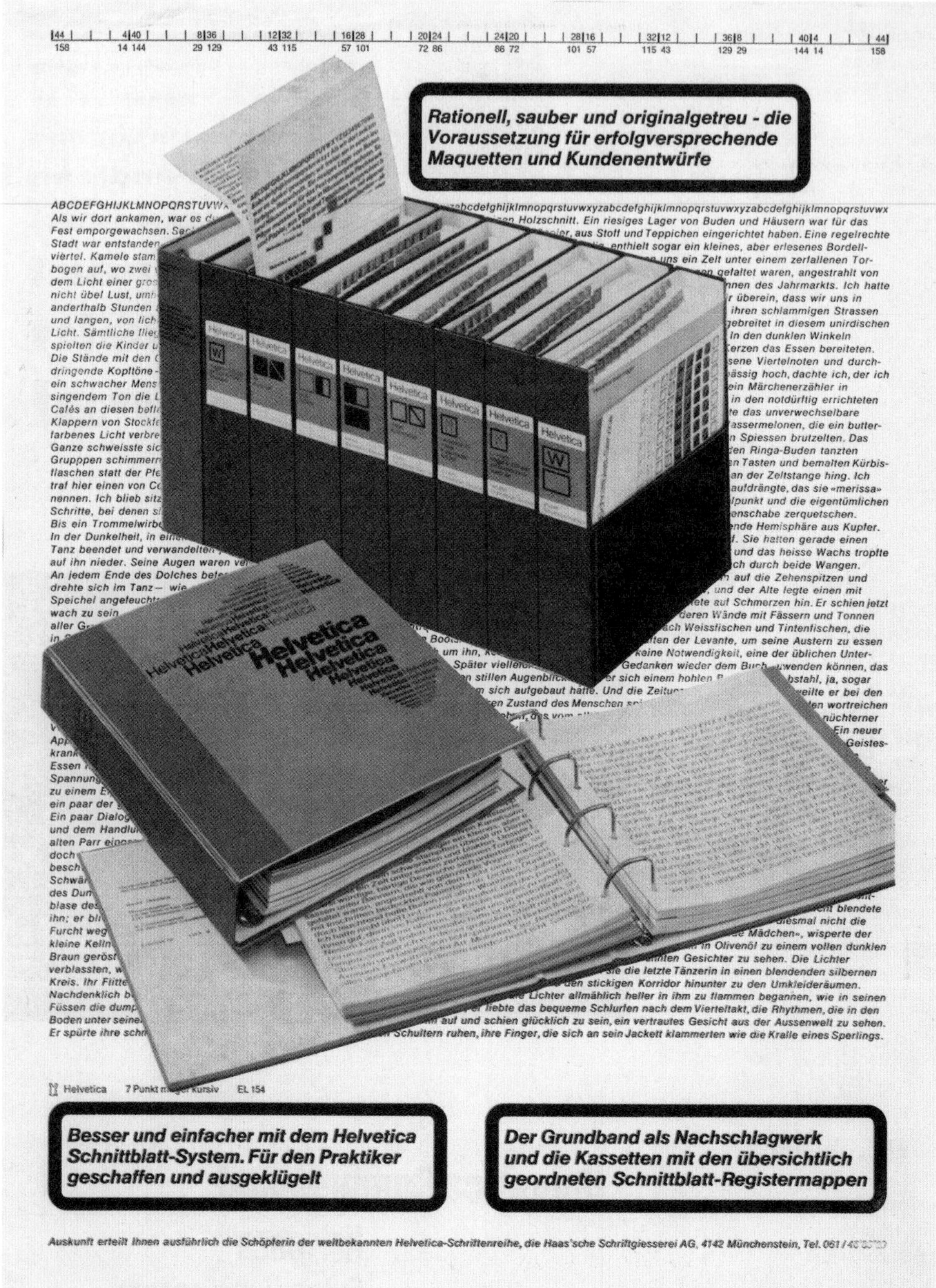

Helvetica體的環裝活頁字體應用參照系統，1968年。

哈斯鑄字公司

優秀字體應用手冊

Helvetica volume E，Helvetica，坎瑟出版社，蘇黎世。

原先的字形並不能很好地符合排版機的要求，里策進行了重新設計，並於1964年完成了Regular Condensed級、Regular Extended級和Bold Condensed級。在參考了哈斯公司提供的字模之後、里策重新設計了一遍以符合新的技術需求。1965年，里策的繼任者維爾納·辛普夫（Werner Schimpf）製作了Helvetica的Light級和Light Italic級。隨後的幾年，在斯滕貝爾公司的字體創作室中，Bold outline級、Rounded級、Contour級、Shaded級陸續誕生了。1972年，西里爾字母[80]的版本問世，這都是照相排版時代的事情了。

在字族擴容的同時，斯滕貝爾公司開始著手把Helvetica體轉化成能在美國派卡（Pica）系統中使用的版本。歐洲通用的是迪多（Didot）系統，版面中最小的度量單位是點，相當於0.376毫米。而在派卡系統裡度量單位要更小一些，相對於0.351毫米。由於兩種系統採用的字體度量方式完全不能通用，所有用於海外市場的萊諾排版機用Helvetica鉛字都需要重新修正。1963年，Helvetica終於全面登陸北美市場。

Helvetica體的海報媒介，1962年。
A4開本的宣傳冊，16頁。
哈斯鑄字公司
設計：呂迪·加拉蒂（Ruedi Gallati）
巴塞爾

80. 譯者按：通行於斯拉夫語族中的字母書寫系統。

ABCDEFGHIJKL
MNOPQR
STUVWXYZ

1234567890
abcdefghijklmnop
qrstuvwxyz

6 Cicero in Holz, Kunstharz oder Hartaluminium lieferbar
6 cicéro livrable en bois, en résine synthétique ou en aluminium dur

1234
abcdefghijkln mopqrstuvwx

ABCDEFGHIK

8 Cicero in Holz, Kunstharz oder Hartaluminium lieferbar
8 cicéro livrable en bois, en résine synthétique ou en aluminium dur

IJKLMNOR 12
abcdefghij klmnopqsu

345

10 Cicero in Holz, Kunstharz oder Hartaluminium lieferbar
10 cicéro livrable en bois, en résine synthétique ou en aluminium dur

RSTUVX 89
abcdefgh tuvwxyz

12

12 Cicero in Holz, Kunstharz oder Hartaluminium lieferbar
12 cicéro livrable en bois, en résine synthétique ou en aluminium dur

iklmno

ABCEF GHIKM

16 Cicero in Holz, Kunstharz oder Hartaluminium lieferbar
16 cicéro livrable en bois, en résine synthétique ou en aluminium dur

ghikQ mnop

W

20 Cicero in Holz oder Kunstharz lieferbar
20 cicéro livrable en bois ou en résine synthétique

24 Cicero nur in Holz lieferbar
24 cicéro livrable en bois seulement

5 XZY

qsuv wxy

Nur in Holz lieferbar / Livrable en bois seulement

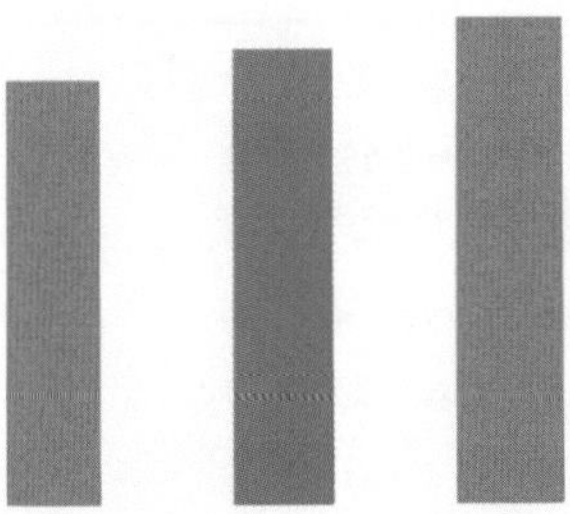

28 30 32 Cicero

Lieferbare Sätze: 120 Stück ohne Ziffern
170 Stück mit Ziffern
200 Stück mit Ziffern

Polices livrables: 120 pièces sans chiffres
170 pièces avec chiffres
200 pièces avec chiffres

「Helvetica：跨越時代的字體」

Helvetica在全球市場上的成功有賴於很多跨國企業都選擇它作為「機構公務標準字體」。這相當於是把一款瑞士字體轉化為一款全球通用字體了，使它的成功到達了頂點。第一位選用Helvetica作為公務標準字體的設計師是奧托·艾舍爾（Otl Aicher）。1962年，他與烏爾姆造型學院的第五專案組一起為漢莎航空公司設計新視覺形象時選擇了Helvetica作為公務標準字體。5年後，馬塞莫·維吉內利（Massimo Vignelli）又選用它作為了美國航空公司的公務字體；與此同時，亨潤設計事務所又把它作為了大不列顛／歐洲航空公司的公務字體。[81]除了這些航空公司，德國化工巨頭巴斯夫和美國傢具製造商諾爾國際也採用了這款簡潔、中性和嚴謹的字體。

從某種程度上說，巨大的市場成功要歸功於瑞士平面設計師們對這款字體的青睞。意大利設計師維吉內利說，當他第一次去瑞士看到這款字體的時候，就在他的車裡裝了幾公斤的鉛字帶回米蘭。在移民美國之後，他對Helvetica的熱情也未消退，這從他在1967年為傢具製造商諾爾國際所做的設計中就不難看出（見184頁）。[82]阿爾伯特·豪勒斯泰因（Albert Hollenstein）從1961年起為哈斯公司工作，他對Helvetica在法國市場的發展起了重要的推動作用。在法國，這款字體有另一個名字叫Le Haas。儘管豪勒斯泰因的主要目的是銷售字體，但實際上他自己也買了不少用到了自己的設計中。[83]在巴黎他還開辦了平面設計夜校，在那裡的青年設計師群體中有很大的影響力。[84]像維吉內利一樣，他也成為了新 的推廣大使。這時，Helvetica已經享譽全球，成為了當代設計美學的同義詞，在技術上也能與任何機器對接了。

81. 亞歷山大·凡·維格薩克（Alexander von Vegesack）與尤欣·艾森布蘭德（Jochen Eisenbrand）主編，《航空世界：為飛行服務的設計與建築》（*Airworld: Design und Architektur für die Flugreise*），exh. cat.，萊茵河畔魏爾市，2004年，第159頁，160頁（漢莎航空），171頁（BEA）。
82. 拉斯·繆勒（Lars Müller）編輯，《Helvetica：向一款字體致敬》（*Helvetica: Homage to a Typeface*），巴登：拉斯·繆勒出版社，2004年（2002年第一版），n.p。
83. 阿爾弗雷德·霍夫曼的筆記。
84. 霍里斯，《瑞士平面設計》，第257頁。

廣告傳單，1965年（上圖）。
萊諾公司，法蘭克福，德國。

廣告冊，約1966年（左下圖）。
Dover's，悉尼，澳洲。

廣告冊，1965年（右下圖）。
Grafex，布宜諾斯艾利斯，阿根廷。

a great
new
range of
Helvetica
faces
from the
House of
Dover

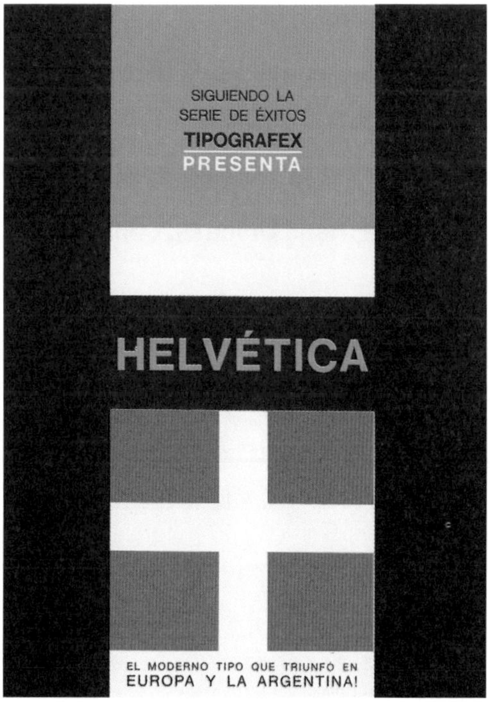

SIGUIENDO LA
SERIE DE ÉXITOS
TIPOGRAFEX
PRESENTA
HELVÉTICA
EL MODERNO TIPO QUE TRIUNFÓ EN
EUROPA Y LA ARGENTINA!

關於字體授權的爭端

Helvetica不但被這些全球大公司所接受，而且也被廣泛運用於小生意市場，比如那種轉移貼紙生意，就對Helvetica的大眾化起了至關重要的作用。從1965年起，儘管哈斯公司從像Letraset以及其他的一些反轉貼紙製造商那兒得到的字體版稅收入在逐年增加，但事實上受益最大的還是萊諾公司。他們最大的興趣是銷售他們的排版鑄條機，還有後來的照相排版機，在無法保證彌補他們的收益損失之前，他們拒絕了阿爾弗雷德·霍夫曼和他的團隊與其他的排版機製造商們去探討字體授權的可能性。於是，這些製造商就允許他們的客戶在沒有獲得授權的情況下自己去安裝Helvetica體(見162頁)。萊諾公司僅允許哈斯公司向那些只能做標題文字的照相排版機製造商發放Helvetica體的使用許可，這種機器主要是用於製作報紙的大標題，有時也能做少量的印刷品。

隨著情況持續惡化，哈斯公司決定重新設計一款Helvetica，1977年由瑞士字體設計師安德雷·古特勒(Andre Gutler)、克里斯坦·門格特(Christian Mengelt)和艾里克·格什維德(Erich Gschwind)設計完成，最後命名為Haas Unica(見161頁)。[85]這款字體專門用於照相排版，最先在瑞士和美國發佈。萊諾公司也在開發新Helvetica一年後，也就是1987年，再次把Haas Unica納入到他們的產品線中。

去物質化後的繼續壯大

俗話說，要想成事，就必須在正確的時間出現在正確的位置上。這對Helvetica也是一樣。儘管它誕生於金屬活字時代的末期，但卻並沒有因印

85. 當阿爾弗雷德·霍夫曼展示新字體是綜合了Helvetica和Univers之後的一個結果，邁克·帕克(Mike Parker)馬上反應道：「你的意思是說Unica。」

廣告，1972年（上圖）。
蒙納公司
法蘭克福，德國。

廣告傳單，1979年（左下圖）。
勒德洛鑄排機工業公司
赫特福德，英格蘭。

廣告宣傳冊，1980年（右下圖）。
寫研公司，日本。

刷工業的技術革命而受到傷害。當時，Helvetica已經擁有了巨大的市場，而且也獲得了很好的聲譽。它不但在照相排版革命中生存了下來，還跨越到了電子時代。

60年代中期，隨著照相排版技術的出現，金屬鉛字這種已經使用了五百多年的工藝淡出了歷史舞臺。鉛字和字模不見了，出現在萊諾排版機上的是巨大的方形透明底片，有巴掌大小，一款字體所需要的88個字符全在上面。[86]一束光透過底片就可以一次在菲林上曝光顯影出所需要的所有字符。這種底片能夠實現從6磅到24磅所有字號的縮放，甚至還可以更多。因此，大約12萬個鉛字或者說150公斤的鉛字都被淘汰了！[87]80年代末期，電子排版問世使得排版與印刷的自由度更大了，物質屬性進一步減弱。那種莊重的、一個一個的、能夠看得見摸得著的字母完全被電子脈衝所代替。

因為字體必須要適應完全不同的字體排版技術，電子革命也很自然地影響到了Helvetica。字體的密度不再由哈斯鑄字公司來決定，而是完全交由法蘭克福的萊諾公司來控制了。在第一次上照排機測試時，字體出現了一定程度的變形，阿托爾·里策為了解決這個問題，拓寬了字母胯部交接處的銳角角度。電腦排版系統越發展越複雜，電子程序也日益增多，就比如1975年由彼德·卡勞（Peter Karow）設計的Ikarus程式。現在的問題已經不只是把Helvetica字族轉化成電子版，而是所有字體都需要徹底檢查，並以系統化的方式重新設定。於是，斯滕貝爾公司的字體創作室開始設計New Helvetica。工作是從整個字族級數的兩個極端開始，也就是最細的和最粗的。這兩個級數之間的其他級數則由電腦來計算完成，原先在單個

86.《Hallwag Vademecum：解釋平面設計生意》（*Hallwag Vademecum: Einführung in den graphischen Betrieb*），伯爾尼，1962年，第28-29頁。要想全面了解關於大量不同的照相製版設備的知識，就需要參照Günter Schmit所著的《字體的照相製版》（*Fotosatzausbildung für Schriftsetzer*），Bellach，1980年，參見章節〈照相製版系統〉（Fotosatzsysteme），第62-140頁。

87. 這裡可以逐條比對「常規字體的格局」：弗雷茲·吉莫爾（Fritz Genzmer），《排字師傅之書：排字師傅的簡明手冊與指南》（*Das Buch des Setzers: Kurzgefasstes Lehr-und Handbuch für den Schriftsetzer*），法蘭克福／柏林，1967年，第36頁。這頁鑄字公司指南上的數字與在瑞士通常需要的鉛字數量形成了對比。

Neue Helvetica

25·ultra light·ultraleicht·ultra-maigre
abcdefghijklmnopqrstuvwxyzßäåæöøœüç
ABCDEFGHIJKLMNOPQRSTUVWXYZ&ÄÅÆÖØŒÜÇ
1234567890%(.,:;-!¡?¿–§$£ƒ¢)·['""„‹›«»]†/*/

35·thin·fein·extra-maigre
abcdefghijklmnopqrstuvwxyzßäåæöøœüç
ABCDEFGHIJKLMNOPQRSTUVWXYZ&ÄÅÆÖØŒÜÇ
1234567890%(.,:;-!¡?¿–§$£ƒ¢)·['""„‹›«»]†/*/

45·light·leicht·maigre
abcdefghijklmnopqrstuvwxyzßäåæöøœüç
ABCDEFGHIJKLMNOPQRSTUVWXYZ&ÄÅÆÖØŒÜÇ
1234567890%(.,:;-!¡?¿–§$£ƒ¢)·['""„‹›«»]†/*/

55·roman·normal·romain
abcdefghijklmnopqrstuvwxyzßäåæöøœüç
ABCDEFGHIJKLMNOPQRSTUVWXYZ&ÄÅÆÖØŒÜÇ
1234567890%(.,:;-!¡?¿–§$£ƒ¢)·['""„‹›«»]†/*/

65·medium·kräftig·quart-gras
abcdefghijklmnopqrstuvwxyzßäåæöøœüç
ABCDEFGHIJKLMNOPQRSTUVWXYZ&ÄÅÆÖØŒÜÇ
1234567890%(.,:;-!¡?¿–§$£ƒ¢)·['""„‹›«»]†/*/

75·bold·halbfett·demi-gras
abcdefghijklmnopqrstuvwxyzßäåæöøœüç
ABCDEFGHIJKLMNOPQRSTUVWXYZ&ÄÅÆÖØŒÜÇ
1234567890%(.,:;-!¡?¿–§$£ƒ¢)·['""„‹›«»]†/*/

85·heavy·dreiviertelfett·trois quart-gras
abcdefghijklmnopqrstuvwxyzßäåæöøœüç
ABCDEFGHIJKLMNOPQRSTUVWXYZ&ÄÅÆÖØŒÜÇ
1234567890%(.,:;-!¡?¿–§$£ƒ¢)·['""„‹›«»]†/*/

95·black·fett·gras
abcdefghijklmnopqrstuvwxyzßäåæöøœüç
ABCDEFGHIJKLMNOPQRSTUVWXYZ&ÄÅÆÖØŒÜÇ
1234567890%(.,:;-!¡?¿–§$£ƒ¢)·['""„‹›«»]†/*/

75·bold outline·halbfett outline·demi-gras détouré
abcdefghijklmnopqrstuvwxyzßäåæöøœüç
ABCDEFGHIJKLMNOPQRSTUVWXYZ&ÄÅÆÖØŒÜÇ
1234567890%(.,:;-!¡?¿–§)·['""„‹›«»]†/*/

New Helvetica的字體樣本展示
1983年，萊諾公司。

字母上的一些美學問題也得到了修正，Light級、Regular級和Bold級之間也更加協調，比如小寫字母「r」的小耳朵在從Ultra light級到Bold級中的造型都保持了一致。通過這種方式，所有的字符都進行了統一化整理，Helvetica字族這些年蔓延生長所帶來的混亂也被整齊劃一的面貌所代替。有點諷刺的是，New Helvetica的粗細級數也就從此被篡改了，所遵循的計算標準是十進位制系統，而這個計算標準正是Helvetica最大的競爭對手Univers所曾經採用的（由阿德里安・弗倫提格設計[88]）。

走向永恆的Helvetica

最後，還有一個問題：為什麼Helvetica直到現在依然如此成功？在1964年出版的一期商業雜誌《平面設計》（*Graphia*）上，有一位佚名的作者回答了這個問題，「Helvetica的外觀穩定而均衡，這讓它看起來既不會太時髦，但也不會太落伍，這滿足了印刷商和平面設計師對於一款無襯線體的所有需求。」[89]很明顯，它也符合了維吉內利和其他的一些設計師的基本要求，所以他們才選擇它作為那些大公司的公務標準字體，它也同樣符合全世界成千上萬不知名的設計師的需求。而且在「Helvetica」這個詞中也蘊涵著一種詩意的正直感：它既為富人服務，也為窮人服務；它既用在跨國公司的廣告中，也用在本地速食店的廣告中；它準確地傳達了瑞士精神的核心理念——中立。Helvetica並沒有刻意去呈現國際視野，也沒有刻意加入某種價值觀。阿德里安・弗倫提格把它跟牛仔褲相比，艾里克・斯皮克曼（Erik Spiekermann）把它跟可口可樂相比，這種比喻混雜了尊敬與批評。但總的來說，這些評價充分說明了Helvetica有多麼受大眾歡迎，同時也印證了它能夠體現出民主與平等的價值。它呈現出一種萬能的面貌，能適用於任何人以及任何事，也許最能說明問題的就是許多公司都選用Helvetica來作為他們的Logo字體。沒有人會把本地產的、實用為主的、塔柏塑膠製品與昂貴的芬迪時尚產品聯想到一起；也不會有人覺得哈雷・戴維森所提供的無限自由與雀巢的低脂奶粉有什麼關係；上述這些公司之間並沒有任何共同之處，也沒有任何事情可以共融，但他們卻選擇了同一款字體。這是所有公司不約而同的選擇，很難想像，還有其他哪一款字體能像Helvetica一樣，無論面對怎樣的用戶，都能給出冷靜沉著的回應？

需要補充的是，中性並不意味著沒有特點。成為所有個人電腦的固定裝配之後，Helvetica的吸引力似乎暗淡了。但我們還是值得去重新回顧一下那些單個字母的造型，尤其是出自New Haas Grotesk體的部分。還有哪款字體的小寫字母「a」有這麼性感的造型？或者哪款字體的大寫字母「R」的右斜筆劃這樣反叛而富有活力？在哪款字體中你能找到這樣造型完美的數位「2」，或者這樣造型活潑的數位「7」？也許這樣的回顧才能揭示出Helvetica堅韌而正直的魅力和潛藏的紳士風度，這才是Helvetica之所以成為Helvetica的地方。俗話說，字如其人，這樣的風範完全歸功於Helvetica的兩位原創者，馬科斯・米丁格和愛德華德・霍夫曼。

88. 這個數字編碼系統由阿德里安・弗倫提格設定。
89. 「『Helvetica』, neue Haas-Grotesk」，《平面設計》（*Graphia*），第9輯（1964年9月），第331頁。

2

"We would like to focus objectively on the sort of sans serif typefaces shown from experience to be most able to withstand fashion trends." EH

「我們以客觀的態度來觀察無襯線字體，
就以往的經驗來看，
它完全不受時尚風潮的影響。」

愛德華德·霍夫曼的日誌

Helvetica的創作檔案中最重要的是一本筆記本，愛德華德·霍夫曼把所有與Hew Haas Grotesk體（及後來Helvetica體）創作過程相關的校樣都貼在了上面。裡面的內容非常詳盡，包括了所有磅數的Bold級、Regular級、Black級、Regular Italic級、Black Italic級，以及所有字母、數位以及特殊字符的每一步的進展資料。在這本日誌中，他給每次記錄都標記了時間，同時把第三方的意見也都寫了下來，一些修改的想法也勾了出來，始終把每一步修改的結果跟Akzidenz Grotesk體進行比較。這份58頁的日誌始於1956年11月16日，結束於1965年7月21日。這份歷史文獻價值連城，在字體發展歷程中史無前例。

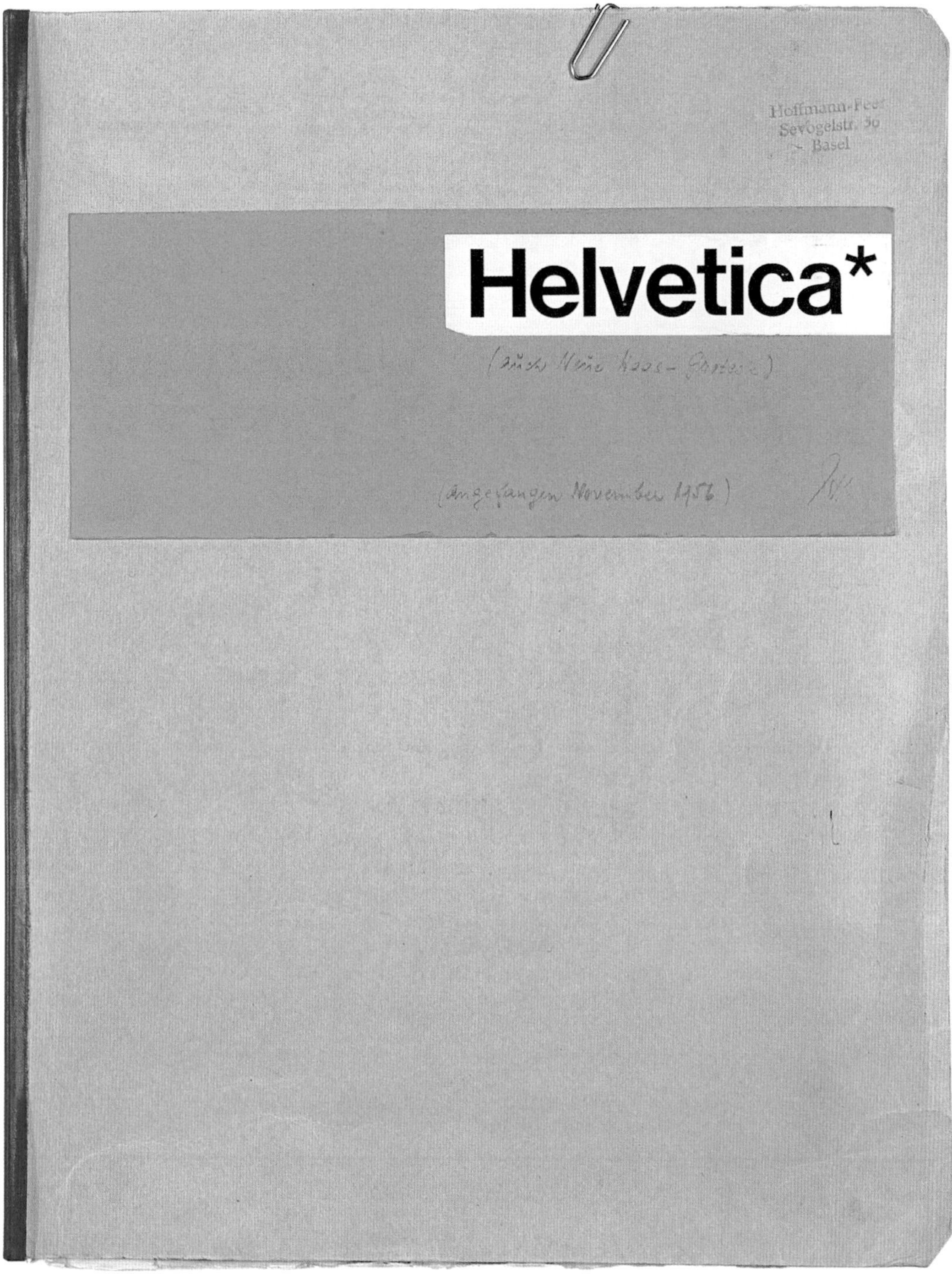
Hoffmann-Fee
Sevogelstr. 50
Basel
Helvetica*
(auch Neue Haas-Grotesk)
(angefangen November 1956)

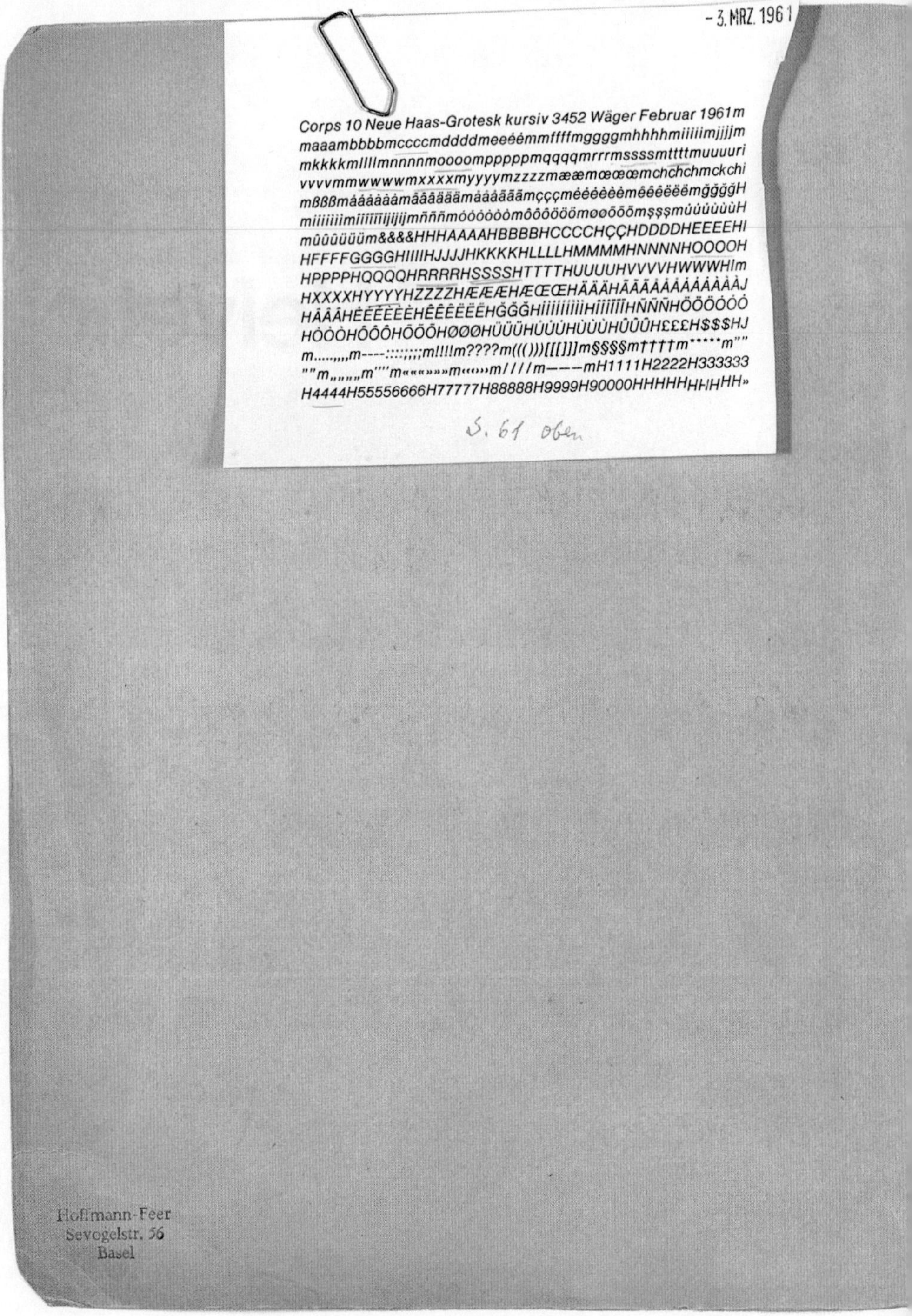
- 3. MRZ. 1961
Corps 10 Neue Haas-Grotesk kursiv 3452 Wäger Februar 1961m
maaambbbbmccccmddddmeeeėmmffffmggggmhhhhmiiiiimjjjjm
mkkkkmllllmnnnnnmooooomppppmqqqqmrrrmssssmttttmuuuuri
vvvvmmwwwwmxxxxmyyyymzzzzmææmœœœmchchchmckchi
mßßßmáâàààmââääämåååããmçççméééèèmêêêëëmğğğğH
miiiiiimîîîîïijijijmñññmóóòòòmôôôöömøøõõmşşşmúúùùùH
mûûûüüüm&&&HHHAAAAHBBBBHCCCCHÇÇHDDDDHEEEEHI
HFFFFGGGGHIIIIHJJJJHKKKKHLLLLHMMMMHNNNNHOOOOH
HPPPPHQQQQHRRRRHSSSSHTTTTHUUUUHVVVVHWWWHIm
HXXXXHYYYYHZZZZHÆÆÆHÆŒŒHÄÄÄHÃÃÃÅÅÁÁÁÀÀÀJ
HÂÂÂHÉÉÉÈÈÈHÊÊÊËËËHĞĞĞHÍÍÍÌÌÌHÎÎÎÏÏÏHÑÑÑHÖÖÖÓÓÓ
HÒÒÒHÔÔÔHÕÕÕHØØØHÜÜÜHÚÚÚHÙÙÙHÛÛÛH£££H$$$HJ
m.....,,,,m----::::;;;;m!!!!m????m((()))[[[]]]m§§§§m††††m*****m""
""m„„„„„m''''m«««»»»m‹‹››m////m———mH1111H2222H333333
H4444H55556666H77777H88888H9999H90000HHHHHHHHHH»
S. 61 oben
Hoffmann-Feer
Sevogelstr. 56
Basel

● 1956年11月：馬科斯·米丁格手稿的第一版照相複製。只有把字母連成詞彙，才能判斷一款新字體的視覺效果。競爭對手Akzidenz Grotesk體總是出現在一旁，以進行直觀的比較（見上圖），這種做法一直貫穿在整個字體設計過程中。新無襯線體在視覺上串聯得更緊密一些，與它加大的x高度聯繫起來，讓字體整體上看起來非常緻密統一。

● 1956年12月：馬科斯·米丁格繪製的10厘米字高手稿的照相複製。他們嘗試不合常規的字形，非常圓的「c」和「S」方案被拋棄了，而「1」和「2」的字形讓人聯想起Akzidenz Grotesk體。

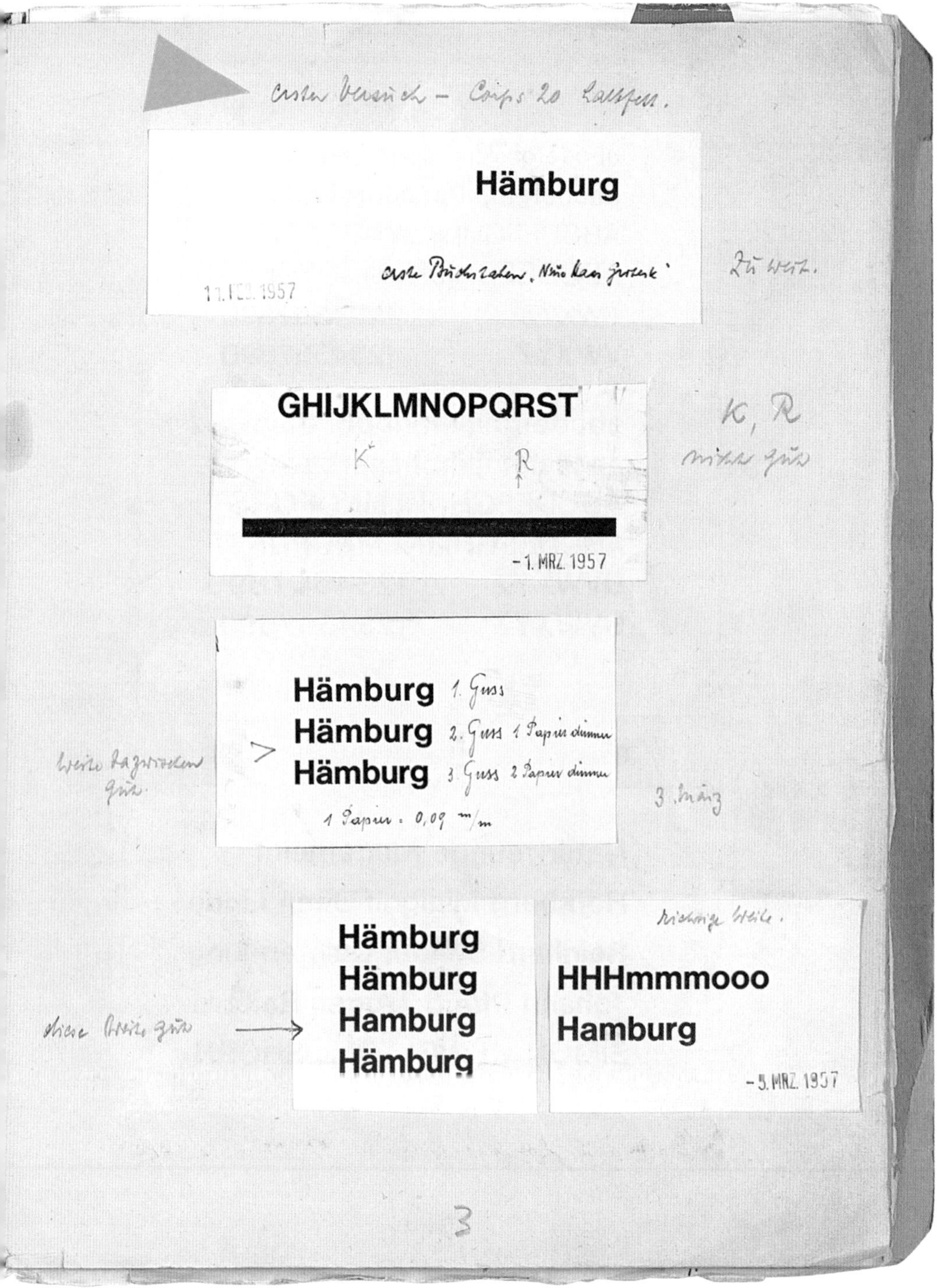

● 1957年3月：20磅Bold級鉛字的第一份印刷校樣。最佳的字母間距是在不斷地以單詞「Hamburg」作為鉛字排列樣本的測試中決定下來的。第三種「Hamburg」排列成為了最後的選擇，充滿特色的緊湊字距依然是Helvetica最著名的個性特徵之一。

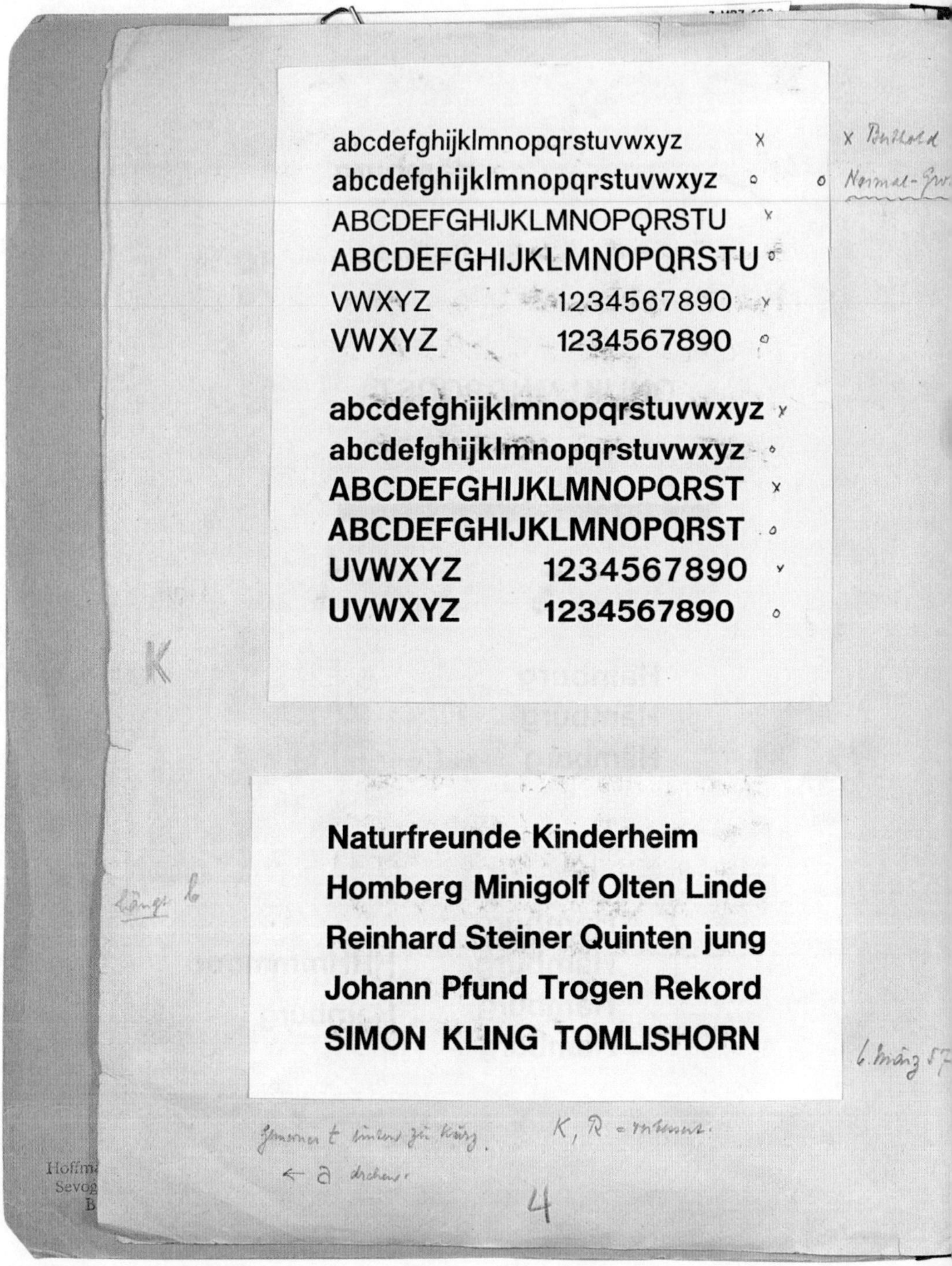

● 1957年3月：更多的詞彙樣本被用來測試字距。米丁格對其中一些字母的寬度仍然不滿意，Akzidenz Grotesk體和Normal Grotesk體也被放進來進行比較。

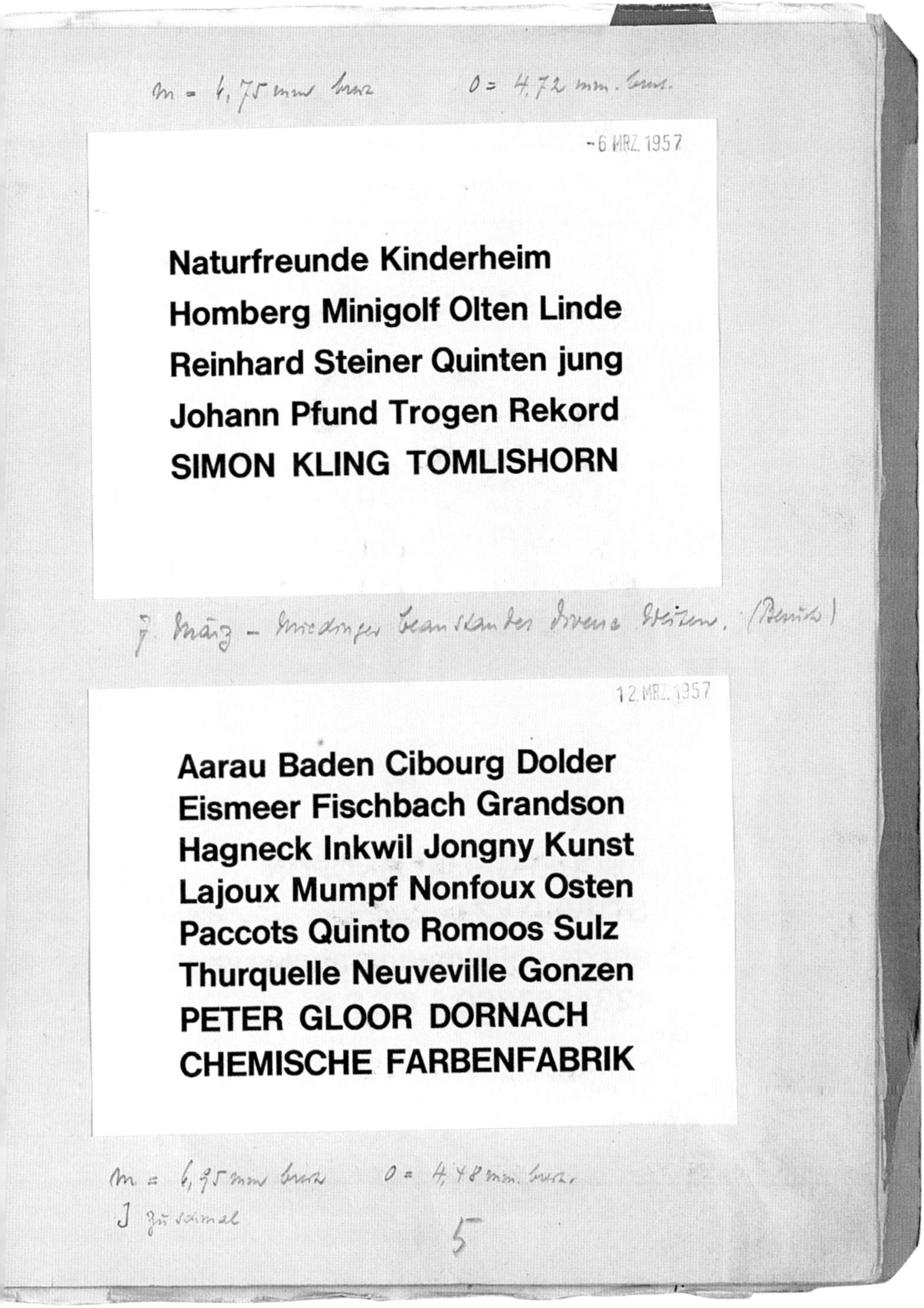
m = 6,75 mm breit   O = 4,72 mm. breit.

-6 MRZ. 1957

Naturfreunde Kinderheim
Homberg Minigolf Olten Linde
Reinhard Steiner Quinten jung
Johann Pfund Trogen Rekord
SIMON KLING TOMLISHORN

7. März – Miedinger beanstandet diverse Breiten. (Bericht)

12. MRZ. 1957

Aarau Baden Cibourg Dolder
Eismeer Fischbach Grandson
Hagneck Inkwil Jongny Kunst
Lajoux Mumpf Nonfoux Osten
Paccots Quinto Romoos Sulz
Thurquelle Neuveville Gonzen
PETER GLOOR DORNACH
CHEMISCHE FARBENFABRIK

m = 6,95 mm breit   O = 4,48 mm. breit.
J zu schmal

5

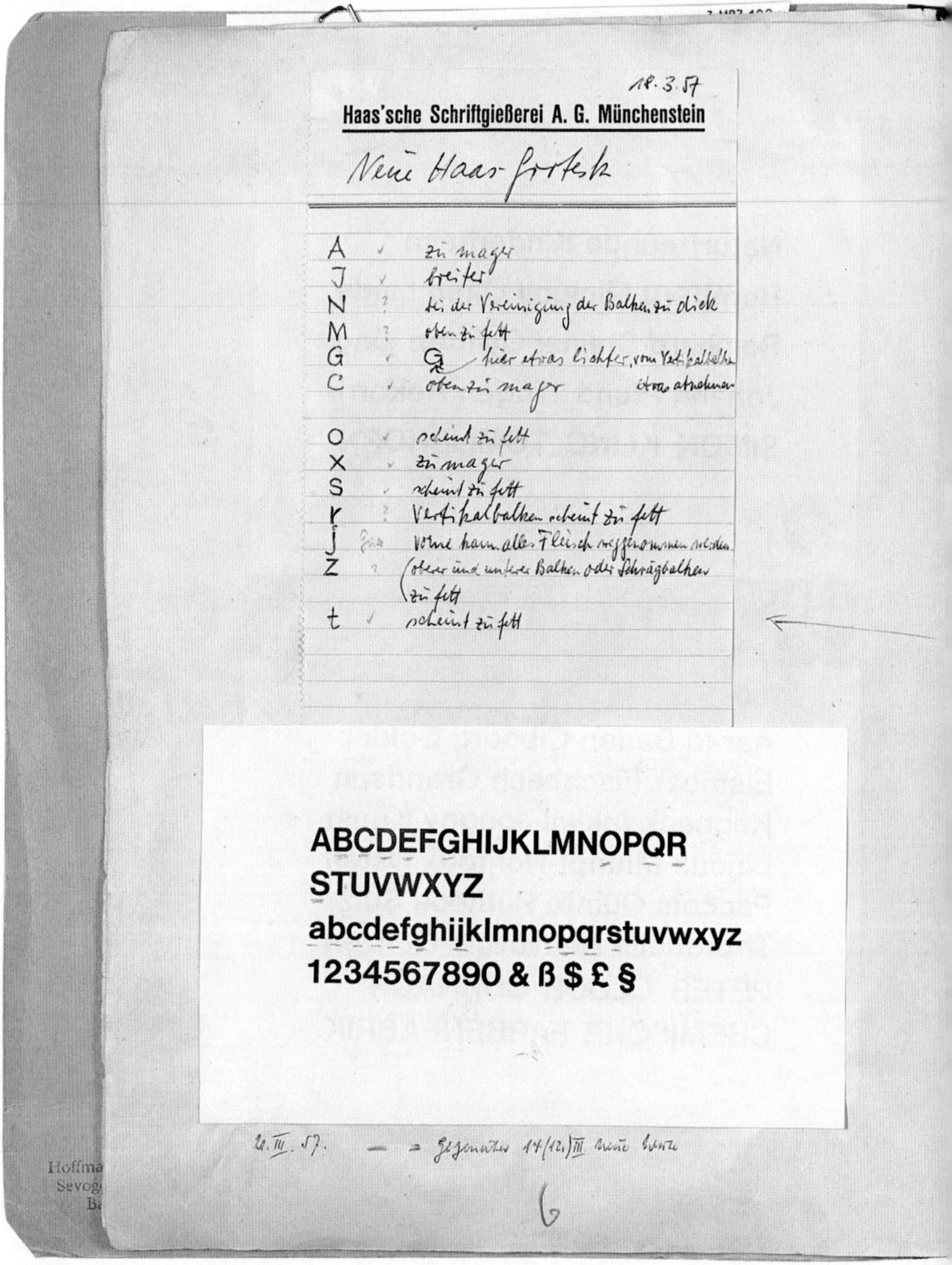

18.3.57
Haas'sche Schriftgießerei A. G. Münchenstein
Neue Haas-Grotesk
A zu mager
J breiter
N bei der Vereinigung der Balken zu dick
M oben zu fett
C oben zu mager
O scheint zu fett
X zu mager
S scheint zu fett
t scheint zu fett
ABCDEFGHIJKLMNOPQR
STUVWXYZ
abcdefghijklmnopqrstuvwxyz
1234567890 & ß $ £ §

● 1957年3月：霍夫曼和米丁格把城市名稱作為測試樣本，來修訂字母字形、筆劃粗細和字寬（用紅色底線標注的字符是剛剛修改過的）。他們的討論都是通過密集頻繁的通信來實現的，一直持續了好幾個月。因為對這些樣本文字已經非常熟悉，所以也繼續沿用到「Graphic 57」博覽會上的廣告手冊中。（見42-43頁）

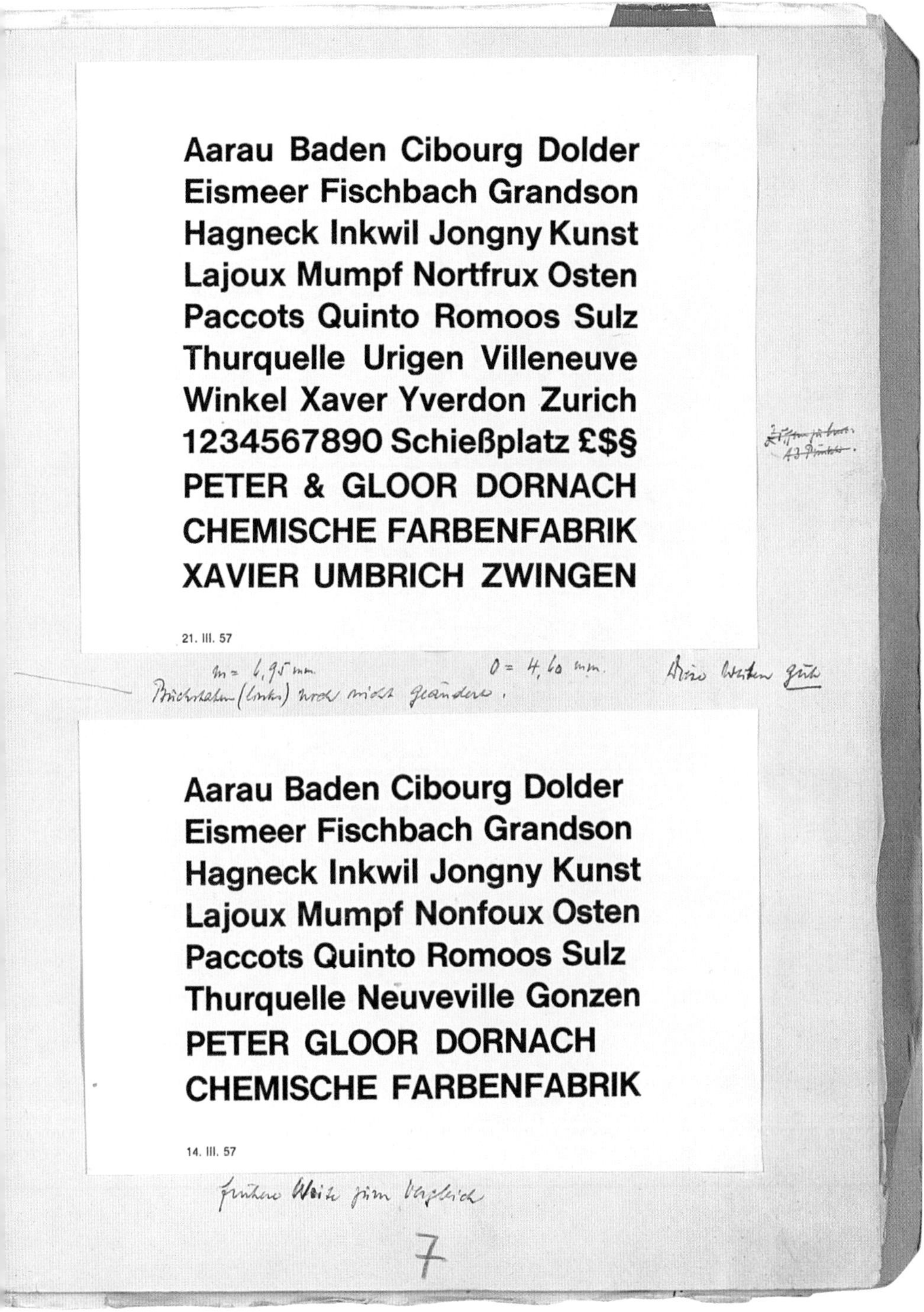
Aarau Baden Cibourg Dolder
Eismeer Fischbach Grandson
Hagneck Inkwil Jongny Kunst
Lajoux Mumpf Nortfrux Osten
Paccots Quinto Romoos Sulz
Thurquelle Urigen Villeneuve
Winkel Xaver Yverdon Zurich
1234567890 Schießplatz £$§
PETER & GLOOR DORNACH
CHEMISCHE FARBENFABRIK
XAVIER UMBRICH ZWINGEN

21. III. 57

m = 4,95 mm. 0 = 4,60 mm.
Buchstaben (links) noch nicht geändert.

Büro Weiten gut

Aarau Baden Cibourg Dolder
Eismeer Fischbach Grandson
Hagneck Inkwil Jongny Kunst
Lajoux Mumpf Nonfoux Osten
Paccots Quinto Romoos Sulz
Thurquelle Neuveville Gonzen
PETER GLOOR DORNACH
CHEMISCHE FARBENFABRIK

14. III. 57

Frühere Weite zum Vergleich

7

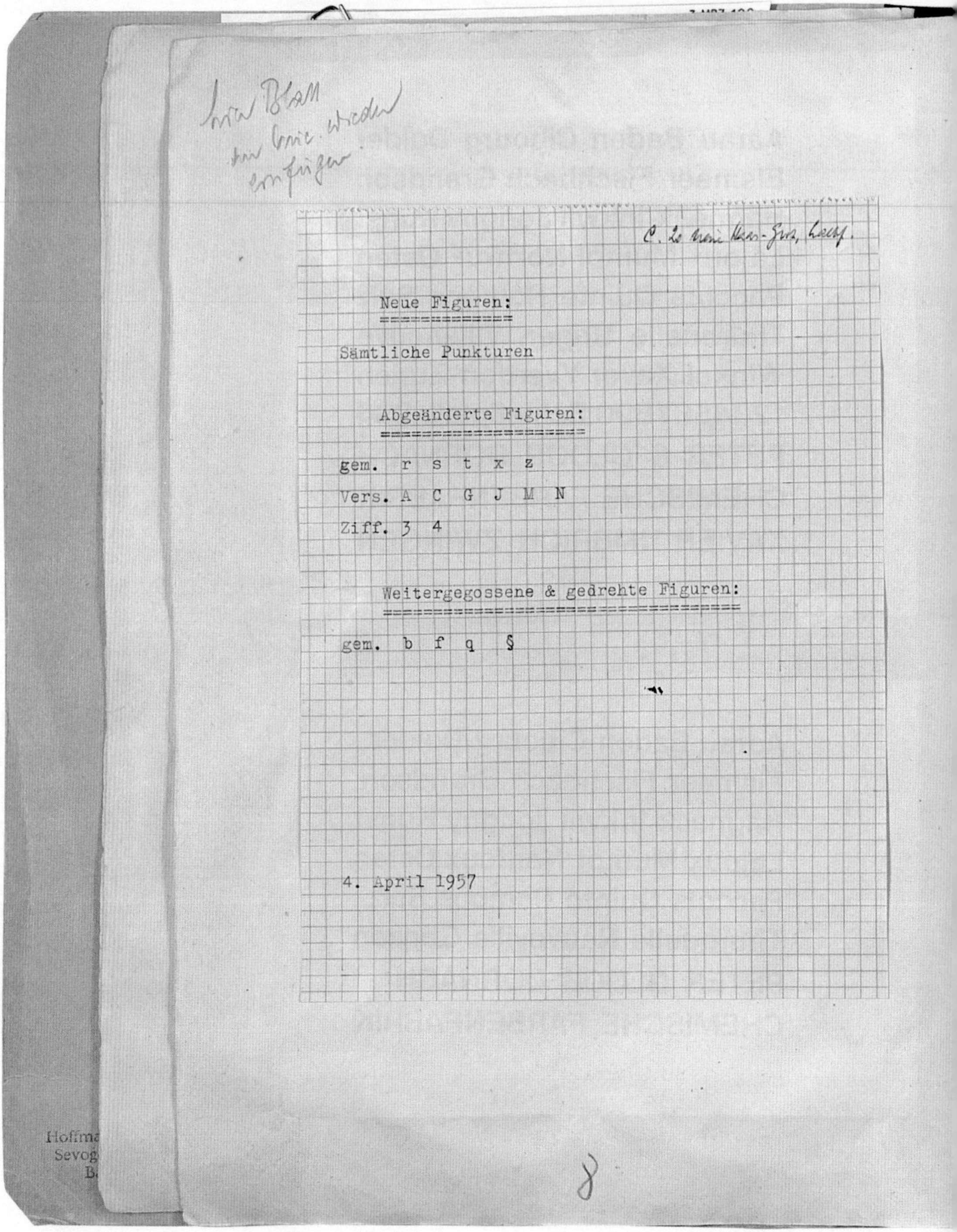

Neue Figuren:

Sämtliche Punkturen

Abgeänderte Figuren:

gem. r s t x z

Vers. A C G J M N

Ziff. 3 4

Weitergegossene & gedrehte Figuren:

gem. b f q §

4. April 1957

8

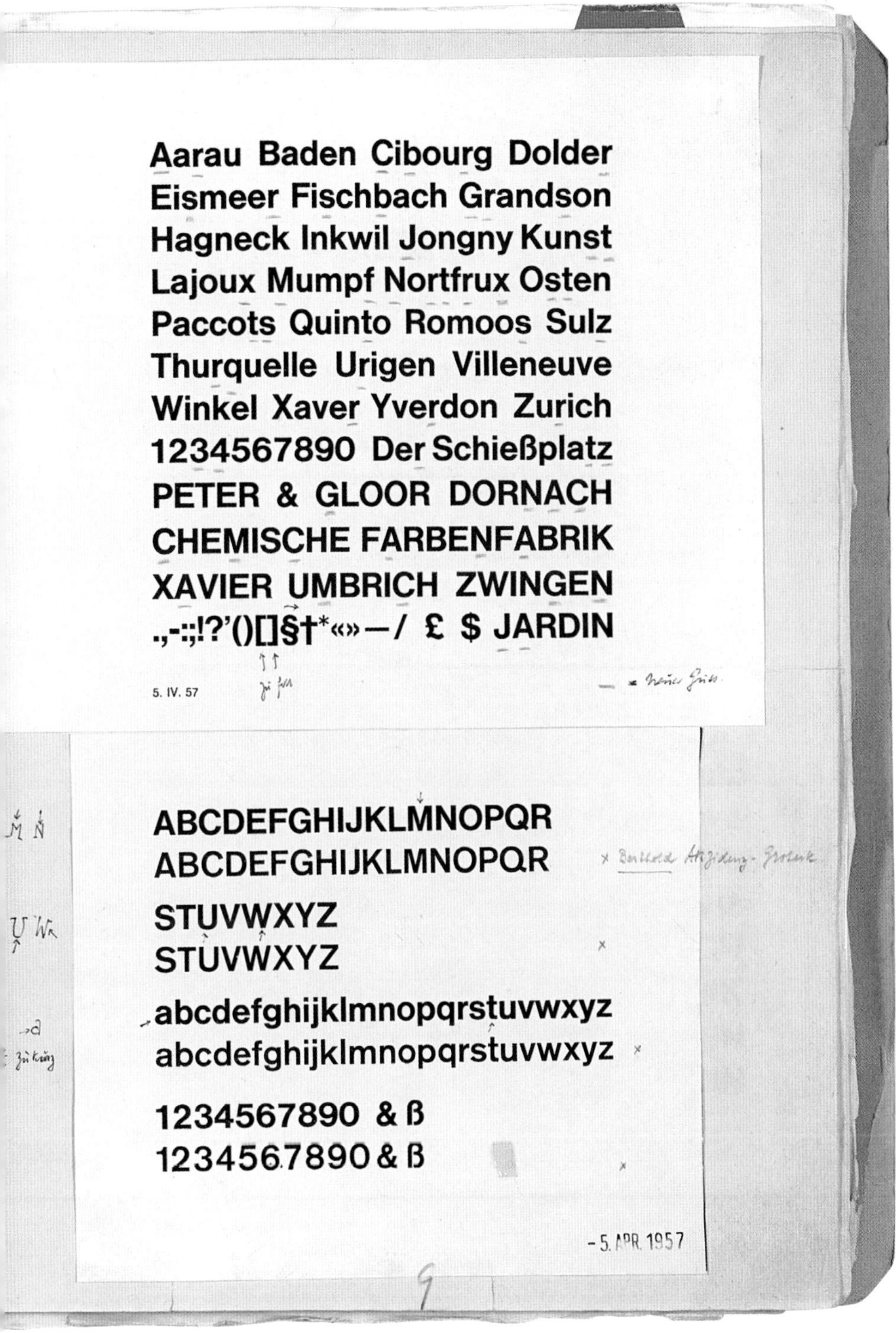

Aarau Baden Cibourg Dolder
Eismeer Fischbach Grandson
Hagneck Inkwil Jongny Kunst
Lajoux Mumpf Nortfrux Osten
Paccots Quinto Romoos Sulz
Thurquelle Urigen Villeneuve
Winkel Xaver Yverdon Zurich
1234567890 Der Schießplatz
PETER & GLOOR DORNACH
CHEMISCHE FARBENFABRIK
XAVIER UMBRICH ZWINGEN
.,-:;!?'()[]§†*«»—/ £ $ JARDIN
5. IV. 57
ABCDEFGHIJKLMNOPQR
ABCDEFGHIJKLMNOPQR
STUVWXYZ
STUVWXYZ
abcdefghijklmnopqrstuvwxyz
abcdefghijklmnopqrstuvwxyz
1234567890 & ß
1234567890 & ß
-5. APR. 1957

● 1957年4月：與Akzidenz Grotesk體比較後調整過的新校樣。New Haas Grotesk體在視覺上顯得過粗、過密，這樣「M」就需要設計得更開放一些，「U」的底部就需要設計得更圓一些。「t」的理想高度則還需要兩位創作者繼續商榷。

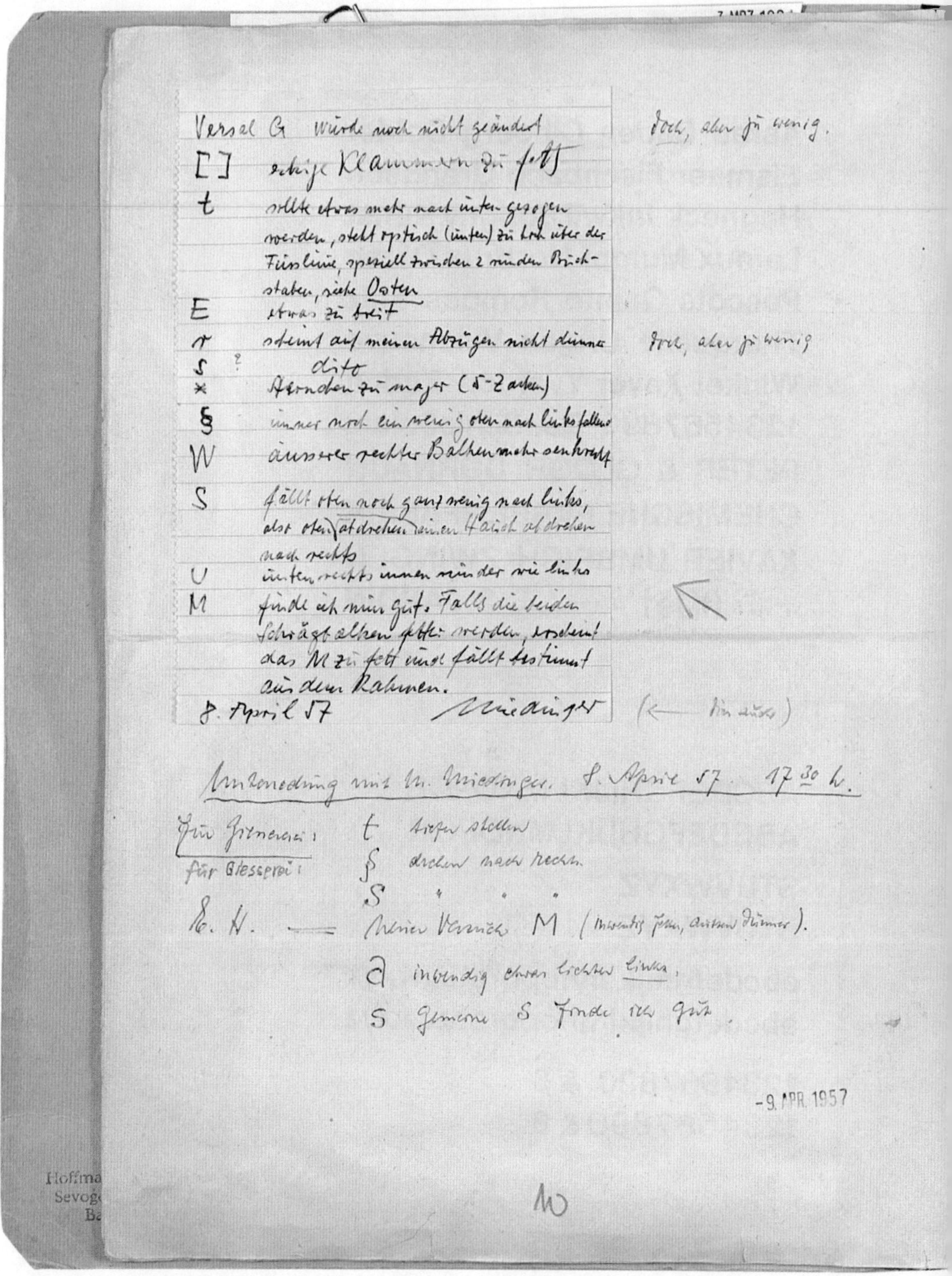
Versal G würde noch nicht geändert — Doch, aber zu wenig.
[ ] eckige Klammern zu fett
t sollte etwas mehr nach unten gezogen werden, steht optisch (unten) zu hoch über der Fusslinie, speziell zwischen 2 runden Buchstaben, siehe Osten
E etwas zu breit
r scheint auf meinen Abzügen nicht dünner — Doch, aber zu wenig
s ? dito
* Sternchen zu mager (5-Zacken)
§ immer noch ein wenig oben nach links fallend
W äusserer rechter Balken mehr senkrecht
S fällt oben noch ganz wenig nach links, also oben abdrehen einen Hauch ab drehen nach rechts
U unten rechts innen runder wie links
M finde ich nun gut. Falls die beiden Schrägbalken fetter werden, erscheint das M zu fett und fällt bestimmt aus dem Rahmen.
8. April 57 Miedinger (← bin aus...)

Unterredung mit H. Miedinger. 8. April 57 17 30 h.

Für Zeichnerei: t tiefer stellen
für Giesserei: § drehen nach rechts
S
E. H. — Neuer Versuch M (inwendig fetter, aussen dünner).
a inwendig etwas lichter links.
S gemeine S finde ich gut.

-9. APR. 1957

Hoffma
Sevog
Ba

10

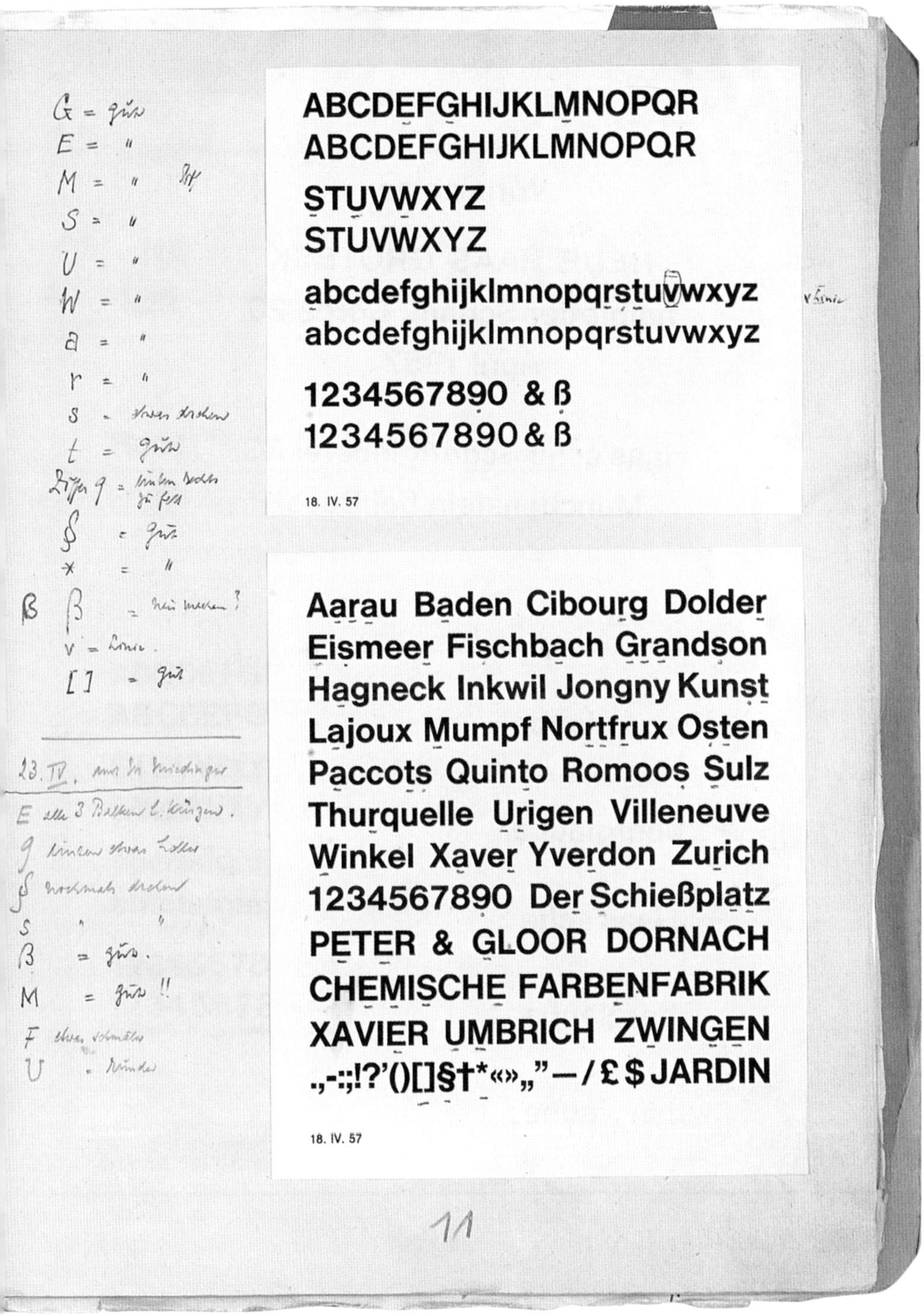

● 1957年4月：在與米丁格的討論和通信的基礎之上，霍夫曼總結出字體需要修改的指導意見。兩位創作者並不見得在任何細節上都能達成一致，比如霍夫曼對「S」很滿意，而米丁格卻認為應該再卷曲一些。

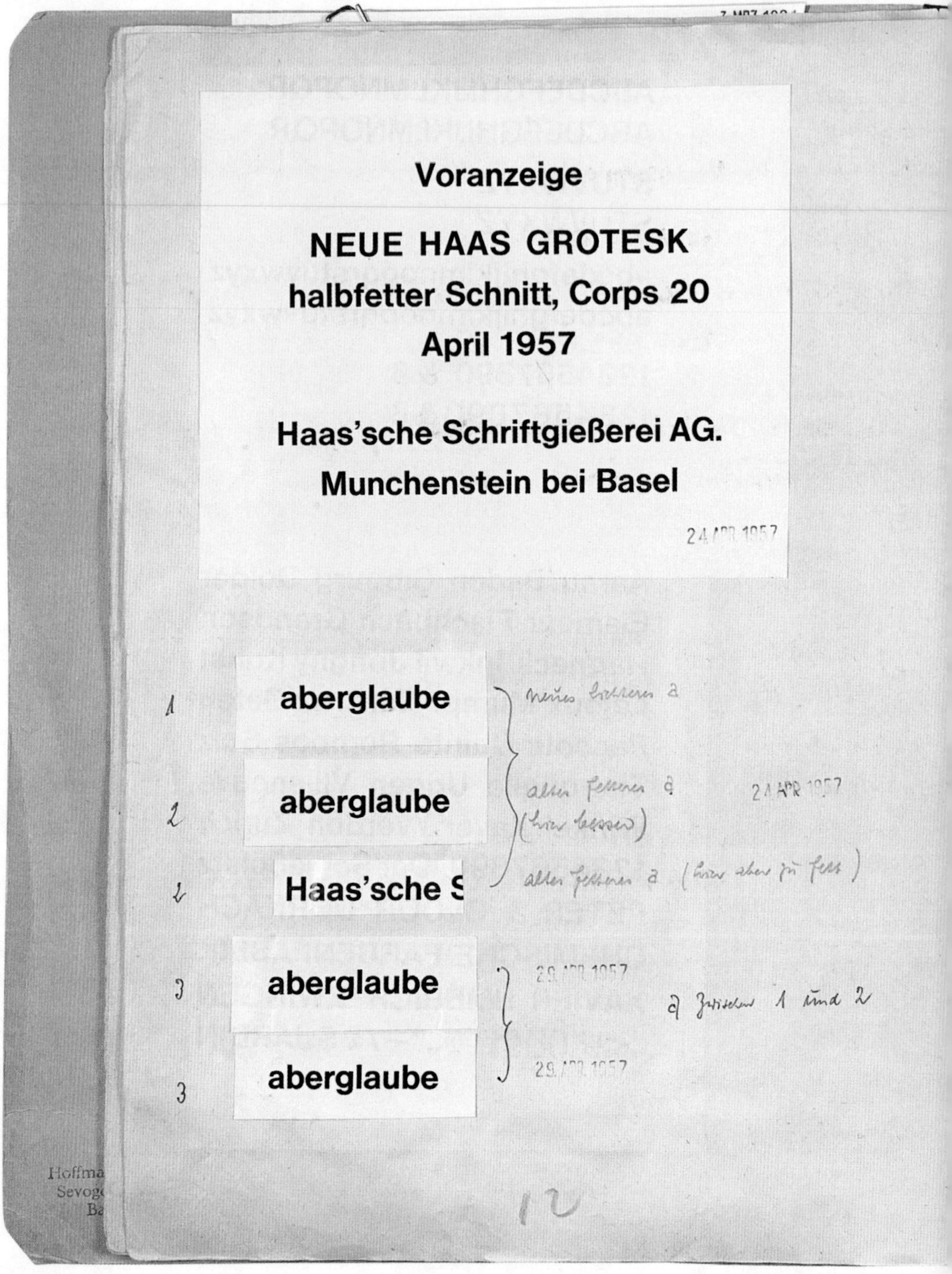

● 1957年4月：在測試不同黑度的「a」。直到在「Graphic 57」博覽會上發佈的幾周之後，「a」才有了這個特色鮮明、向上彎曲、水滴形狀的字谷。在與Akzidenz Grotesk體比較之後，他標記了「OK」。雖然New Haas Grotesk體的字形略顯粗大一些，但保持了與Akzidenz Grotesk體一樣的字母表行寬。

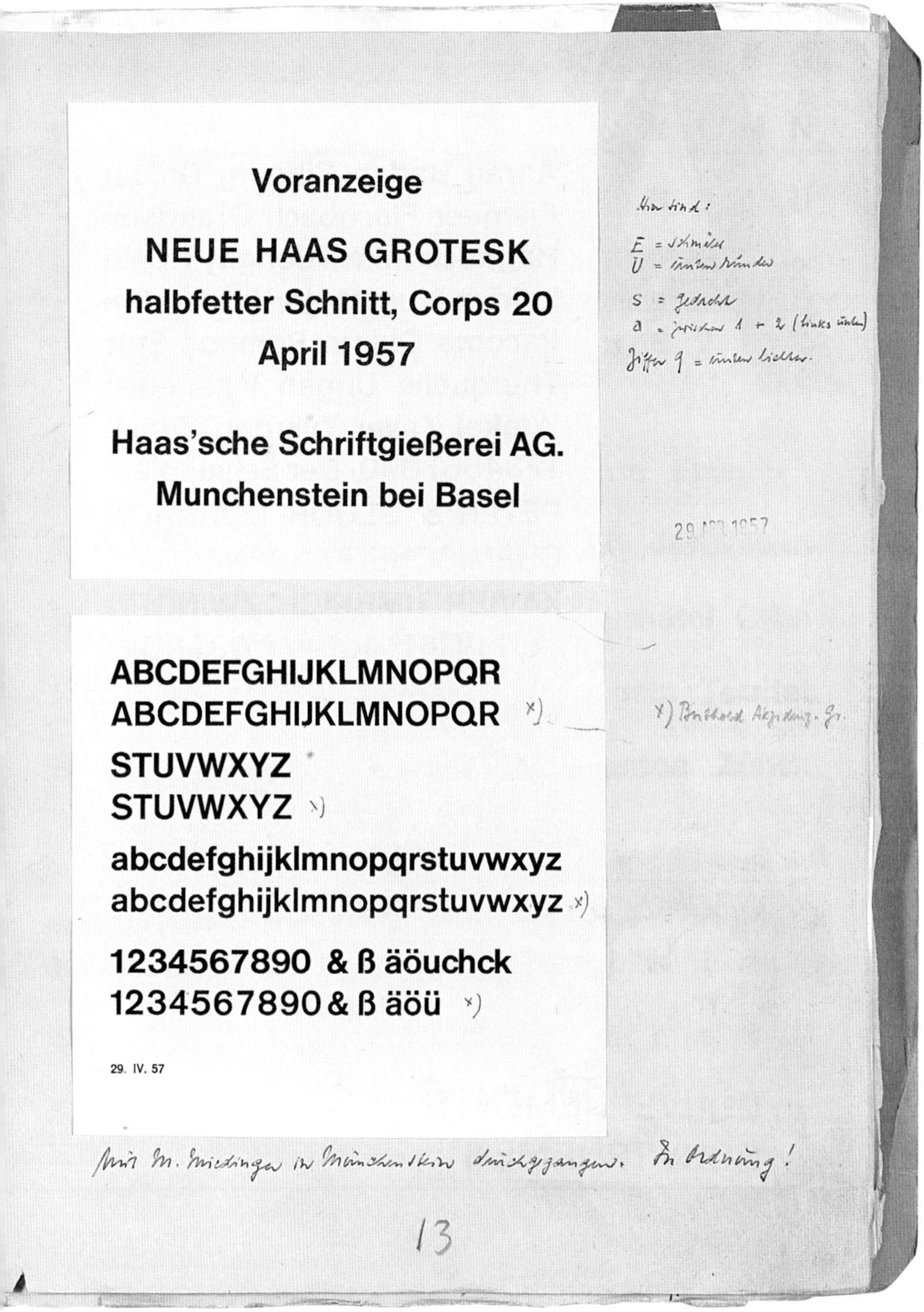
Voranzeige

NEUE HAAS GROTESK

halbfetter Schnitt, Corps 20

April 1957

Haas'sche Schriftgießerei AG.

Munchenstein bei Basel

ABCDEFGHIJKLMNOPQR
ABCDEFGHIJKLMNOPQR x)
STUVWXYZ
STUVWXYZ x)
abcdefghijklmnopqrstuvwxyz
abcdefghijklmnopqrstuvwxyz x)
1234567890 & ß äöuchck
1234567890 & ß äöü x)

29. IV. 57

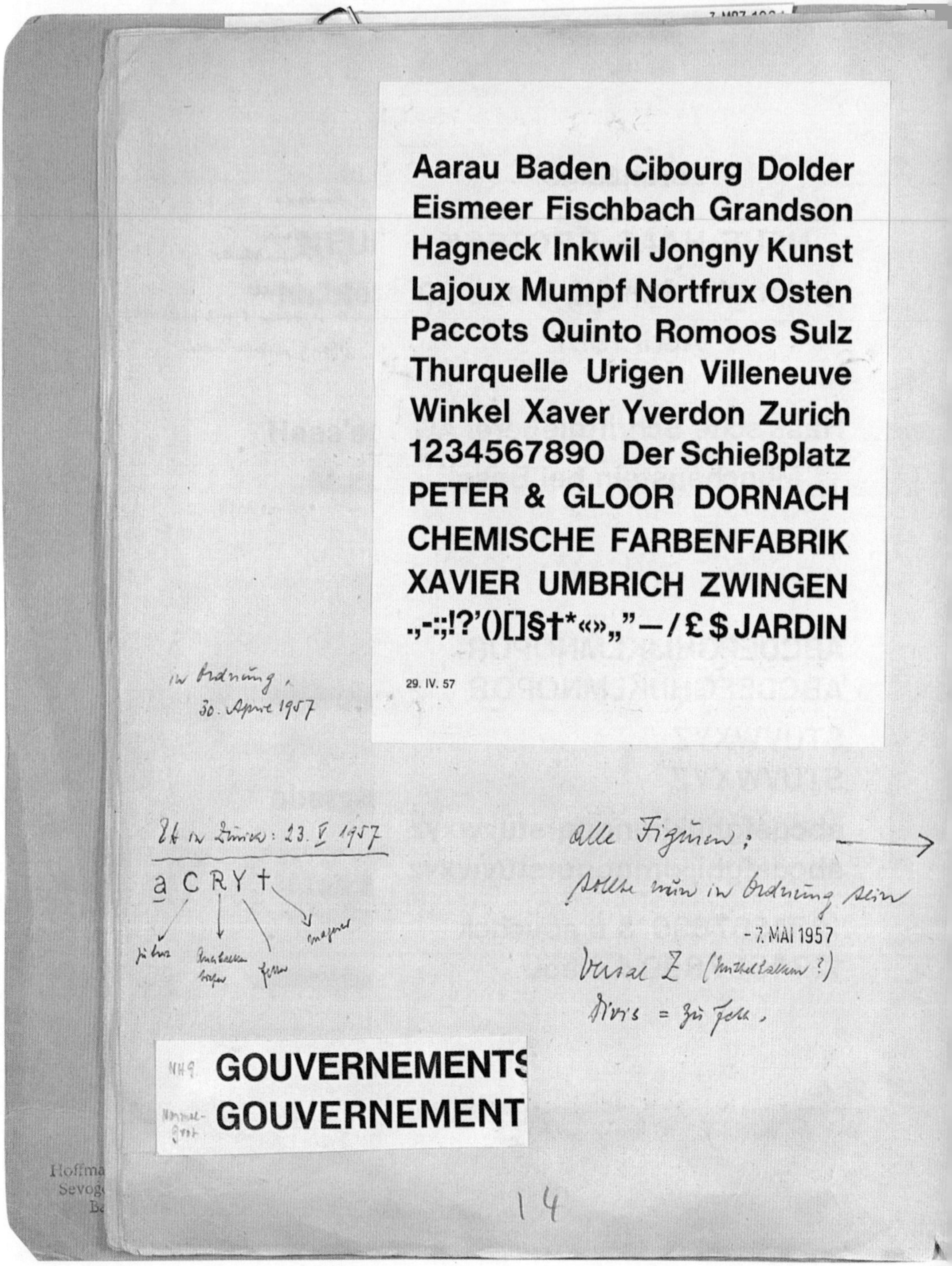

● 時間到了1957年5月7日：霍夫曼寫道：「現在所有的字符都應該沒問題了」。在最後的校樣中擴展了詞彙樣本的數量，加入了一些新的、廣為人知的城市名。在校樣下方，他匆匆記下了修改的建議。這種形式的調整將會一直持續到深秋。米丁格尤其想繼續修改大寫字母「R」。

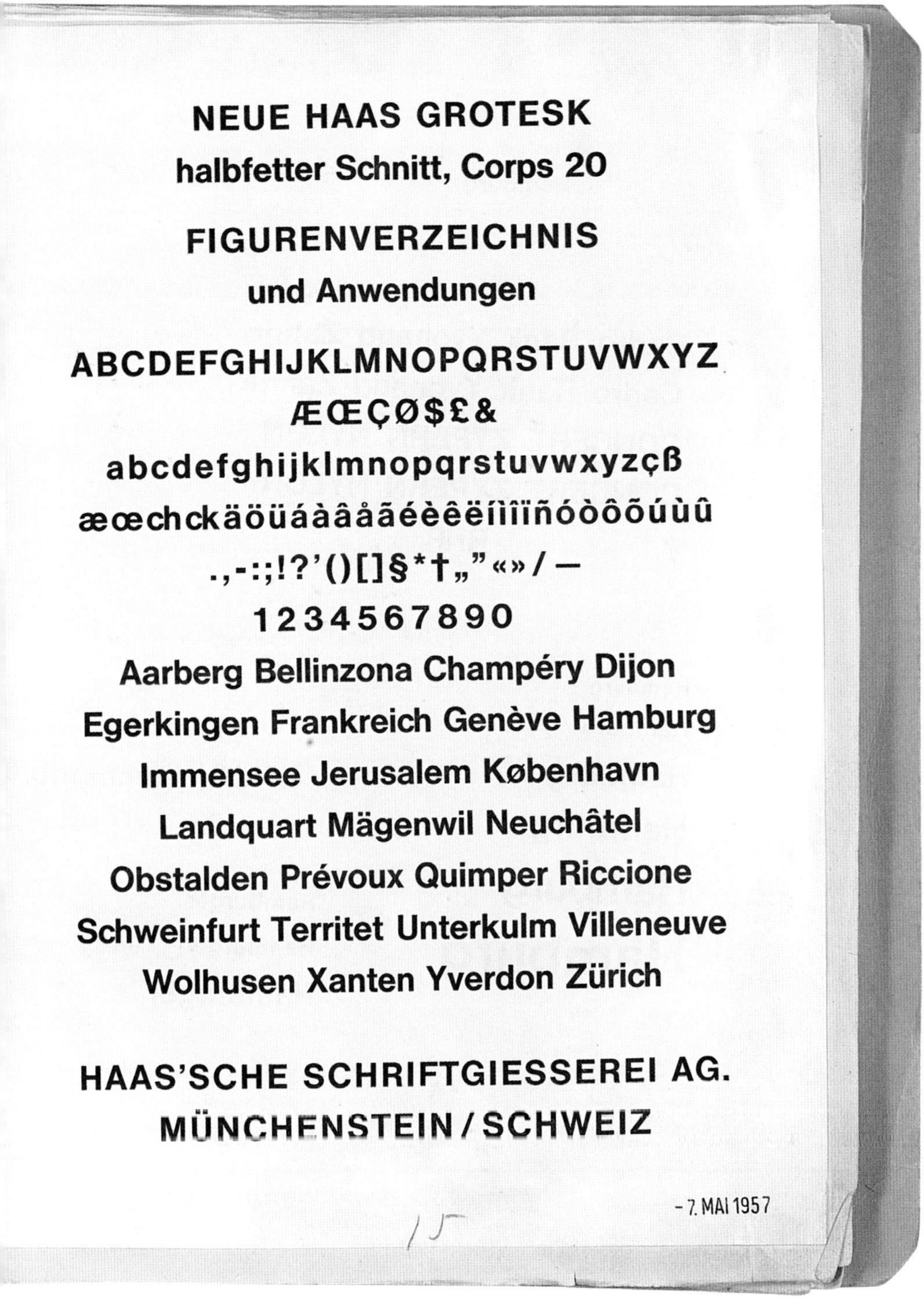
NEUE HAAS GROTESK

halbfetter Schnitt, Corps 20

FIGURENVERZEICHNIS

und Anwendungen

ABCDEFGHIJKLMNOPQRSTUVWXYZ

ÆŒÇØ$£&

abcdefghijklmnopqrstuvwxyzçß

æœchckäöüáàâåãéèêëíìîïñóòôõúùû

.,-:;!?'()[]§*†„"«»/—

1234567890

Aarberg Bellinzona Champéry Dijon

Egerkingen Frankreich Genève Hamburg

Immensee Jerusalem København

Landquart Mägenwil Neuchâtel

Obstalden Prévoux Quimper Riccione

Schweinfurt Territet Unterkulm Villeneuve

Wolhusen Xanten Yverdon Zürich

HAAS'SCHE SCHRIFTGIESSEREI AG.

MÜNCHENSTEIN / SCHWEIZ

15

- 7. MAI 1957

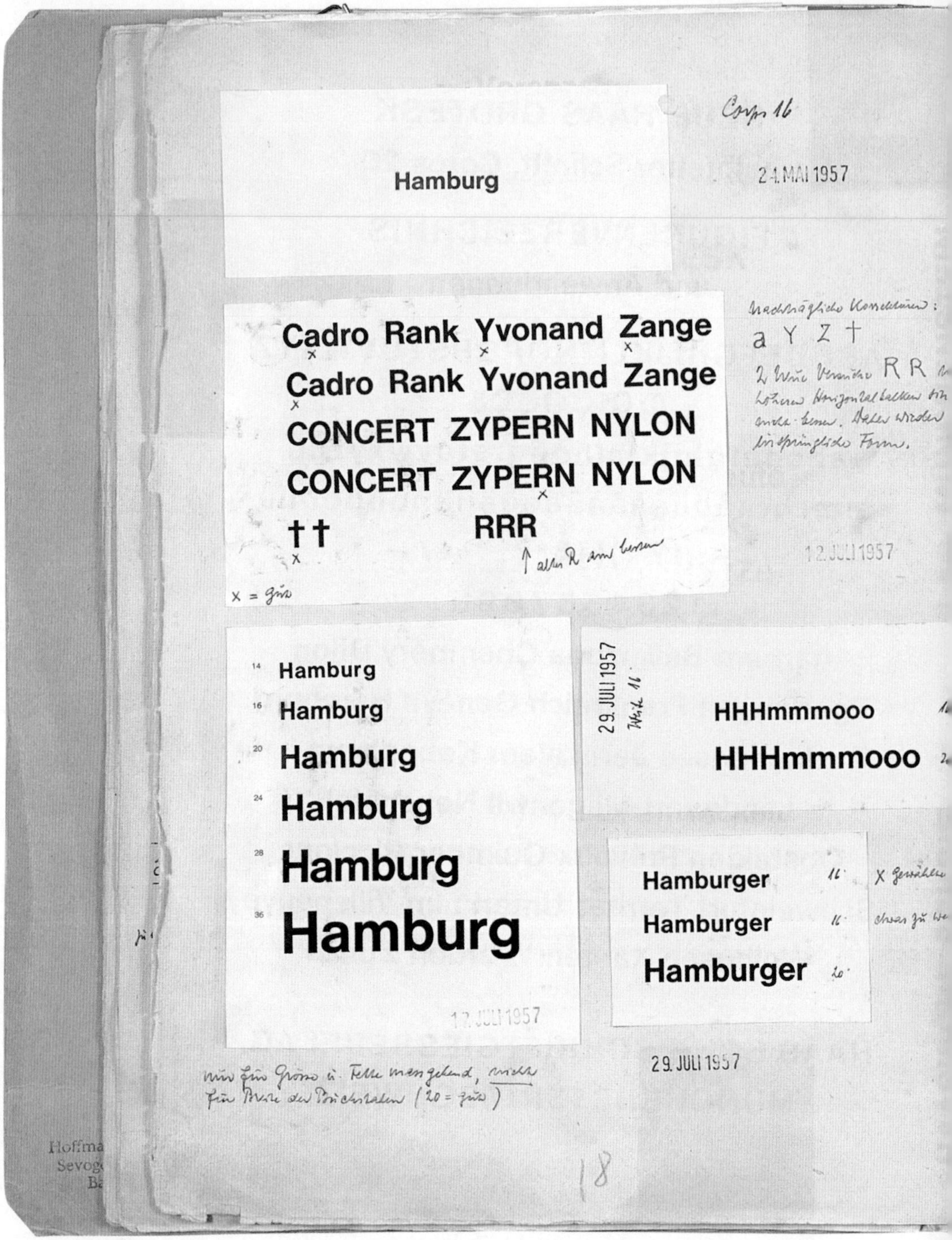
Hamburg
24. MAI 1957
Cadro Rank Yvonand Zange
Cadro Rank Yvonand Zange
CONCERT ZYPERN NYLON
CONCERT ZYPERN NYLON
† †
RRR
12. JULI 1957
14 Hamburg
16 Hamburg
20 Hamburg
24 Hamburg
28 Hamburg
36 Hamburg
12. JULI 1957
29. JULI 1957
HHHmmmooo
HHHmmmooo
Hamburger
Hamburger
Hamburger
29. JULI 1957
18

● 1957年5月，他們開始著手16磅字號的設計，並確定了它的規格和粗細。在頁面右側是Akzidenz Grotesk體和New Haas Grotesk體的詳細對比，他們在白紙上非常小心地排列著文字。字距盡量能與Akzidenz Grotesk體的大字號匹配，比如16磅、20磅或28磅，但是由於New Haas Grotesk體的筆劃稍粗，所以字距看上去顯得窄了一些。在小字號上，New Haas Grotesk體的字距差異就更明顯了。1957年6月1日，新字體在「Graphic 57」博覽會上面世了。

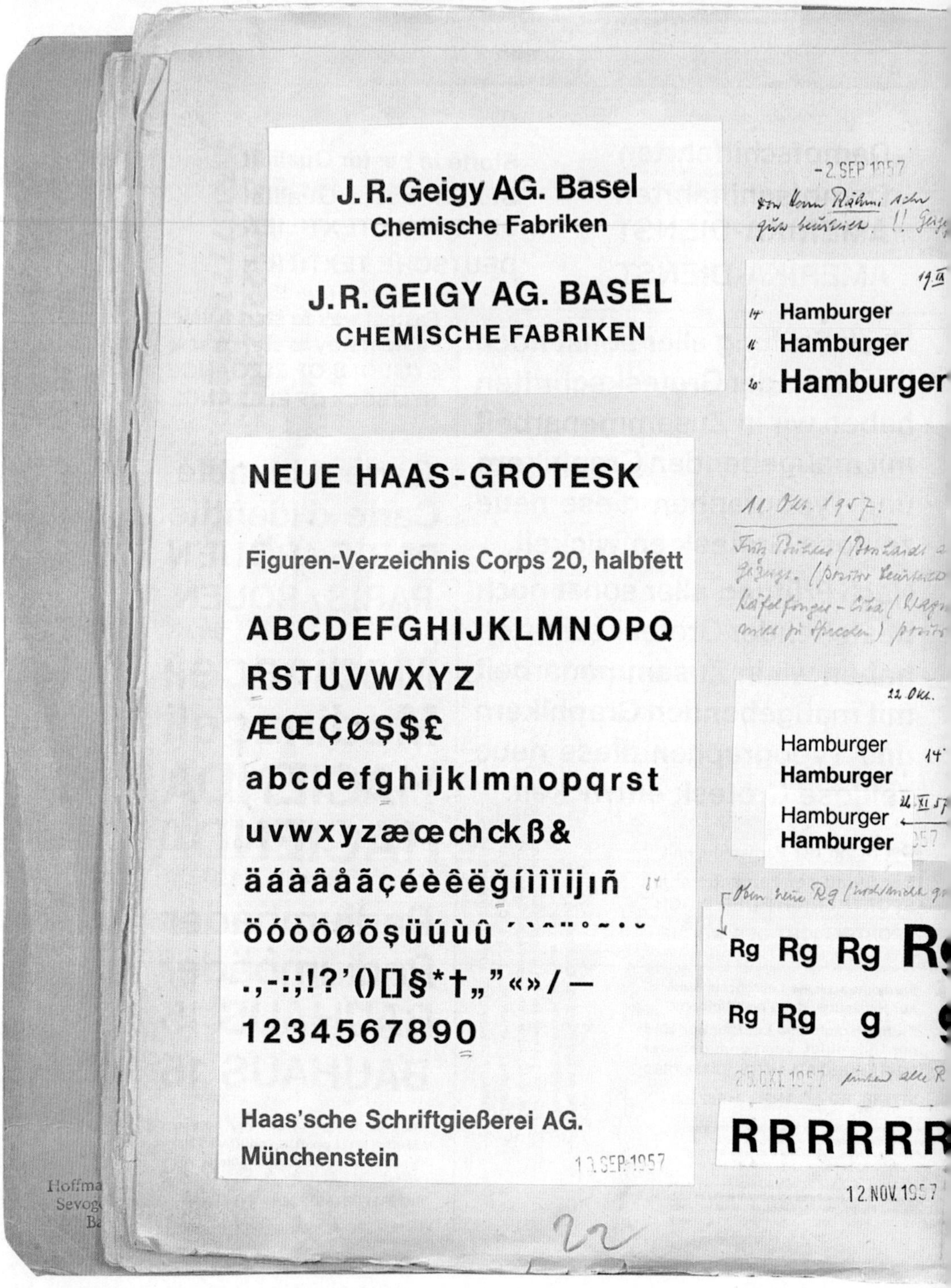

● 1957年9月：霍夫曼列印了新字體的校樣，拿給嘉基化工的蘭米先生和汽巴化工的設計師弗雷茲．比勒先生，向他們討教意見。他記錄道：「好評」和「正面的」。

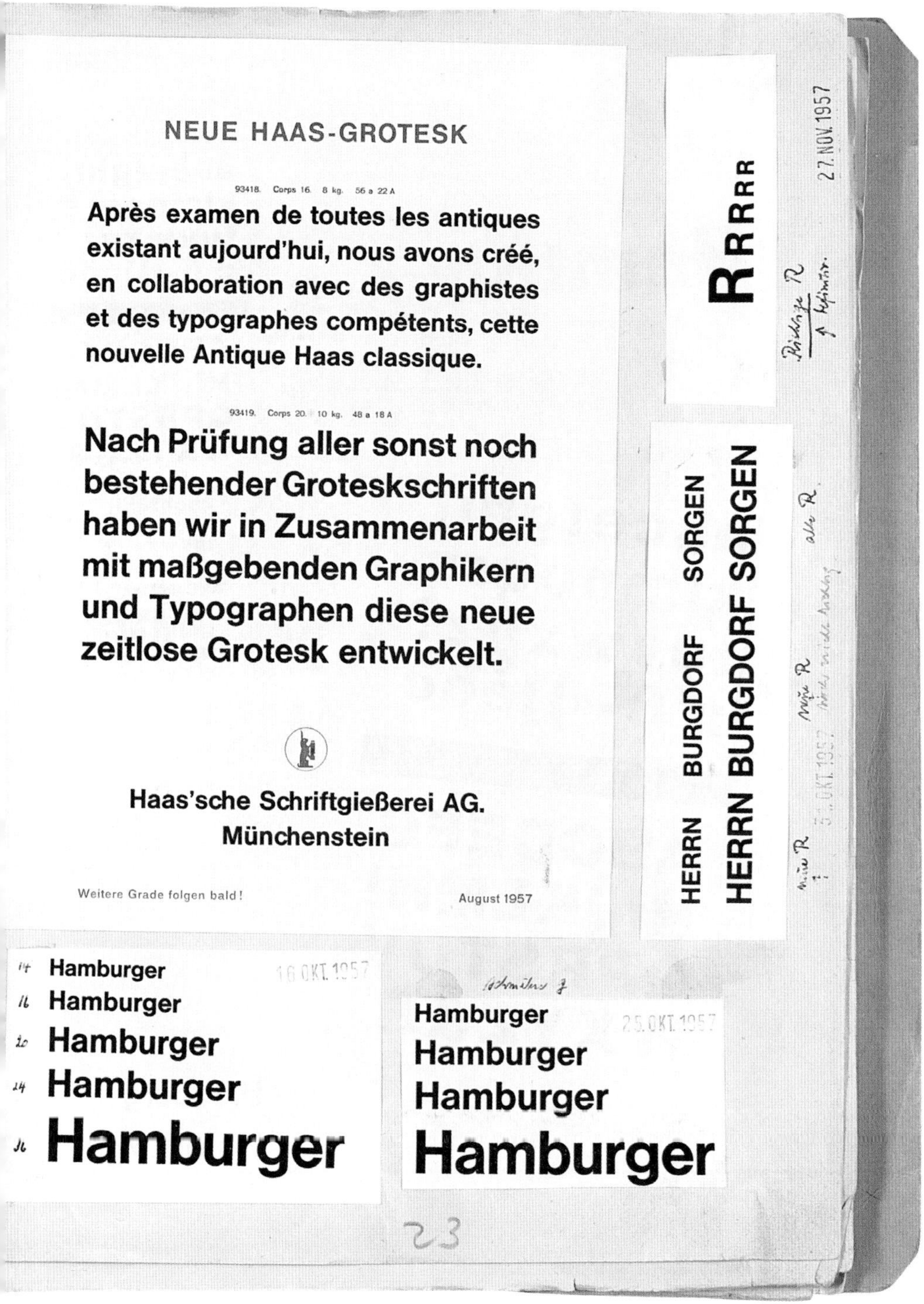

NEUE HAAS-GROTESK
93418. Corps 16. 8 kg. 56 a 22 A
Après examen de toutes les antiques existant aujourd'hui, nous avons créé, en collaboration avec des graphistes et des typographes compétents, cette nouvelle Antique Haas classique.
93419. Corps 20. 10 kg. 48 a 18 A
Nach Prüfung aller sonst noch bestehender Groteskschriften haben wir in Zusammenarbeit mit maßgebenden Graphikern und Typographen diese neue zeitlose Grotesk entwickelt.
Haas'sche Schriftgießerei AG.
Münchenstein
Weitere Grade folgen bald!
August 1957
RRRRR
27.NOV.1957
HERRN BURGDORF SORGEN
HERRN BURGDORF SORGEN
Hamburger
Hamburger
Hamburger
Hamburger
Hamburger
16.OKT.1957
Hamburger
Hamburger
Hamburger
Hamburger
25.OKT.1957
23

● 1957年10月：測試不同字形的「R」，有一個版本的右斜筆劃比我們今天認為的「典型的Helvetica」的「R」的右斜筆劃更加傾斜。11月4日，霍夫曼收到了米丁格寄來的另外四個版本的「R」，他在次日就做出了回覆，「只有右斜筆劃是有差別的，我們將用最好的那個「R」來製新模，希望它符合一切需求。」

● 1958年3月：米丁格設計的Black級的縮小字體圖樣。霍夫曼認為一些字母太細了，米丁格已經在邊上標註了詳細的修改意見。

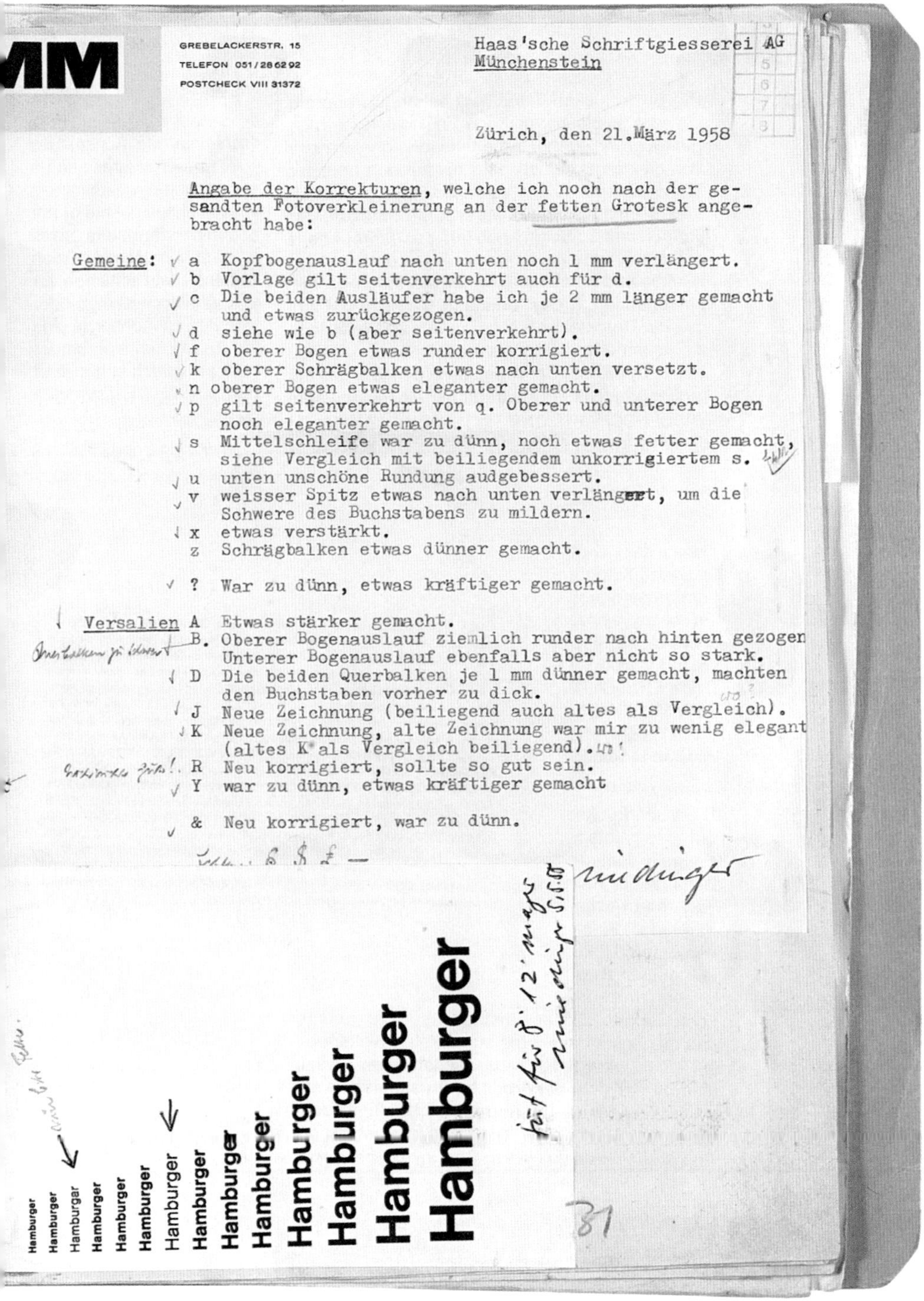

MM

GREBELACKERSTR. 15
TELEFON 051/286292
POSTCHECK VIII 31372

Haas'sche Schriftgiesserei AG
Münchenstein

Zürich, den 21.März 1958

Angabe der Korrekturen, welche ich noch nach der gesandten Fotoverkleinerung an der fetten Grotesk angebracht habe:

Gemeine:
- a Kopfbogenauslauf nach unten noch 1 mm verlängert.
- b Vorlage gilt seitenverkehrt auch für d.
- c Die beiden Ausläufer habe ich je 2 mm länger gemacht und etwas zurückgezogen.
- d siehe wie b (aber seitenverkehrt).
- f oberer Bogen etwas runder korrigiert.
- k oberer Schrägbalken etwas nach unten versetzt.
- n oberer Bogen etwas eleganter gemacht.
- p gilt seitenverkehrt von q. Oberer und unterer Bogen noch eleganter gemacht.
- s Mittelschleife war zu dünn, noch etwas fetter gemacht, siehe Vergleich mit beiliegendem unkorrigiertem s.
- u unten unschöne Rundung audgebessert.
- v weisser Spitz etwas nach unten verlängert, um die Schwere des Buchstabens zu mildern.
- x etwas verstärkt.
- z Schrägbalken etwas dünner gemacht.
- ? War zu dünn, etwas kräftiger gemacht.

Versalien
- A Etwas stärker gemacht.
- B. Oberer Bogenauslauf ziemlich runder nach hinten gezogen Unterer Bogenauslauf ebenfalls aber nicht so stark.
- D Die beiden Querbalken je 1 mm dünner gemacht, machten den Buchstaben vorher zu dick.
- J Neue Zeichnung (beiliegend auch altes als Vergleich).
- K Neue Zeichnung, alte Zeichnung war mir zu wenig elegant (altes K als Vergleich beiliegend).
- R Neu korrigiert, sollte so gut sein.
- Y war zu dünn, etwas kräftiger gemacht
- & Neu korrigiert, war zu dünn.

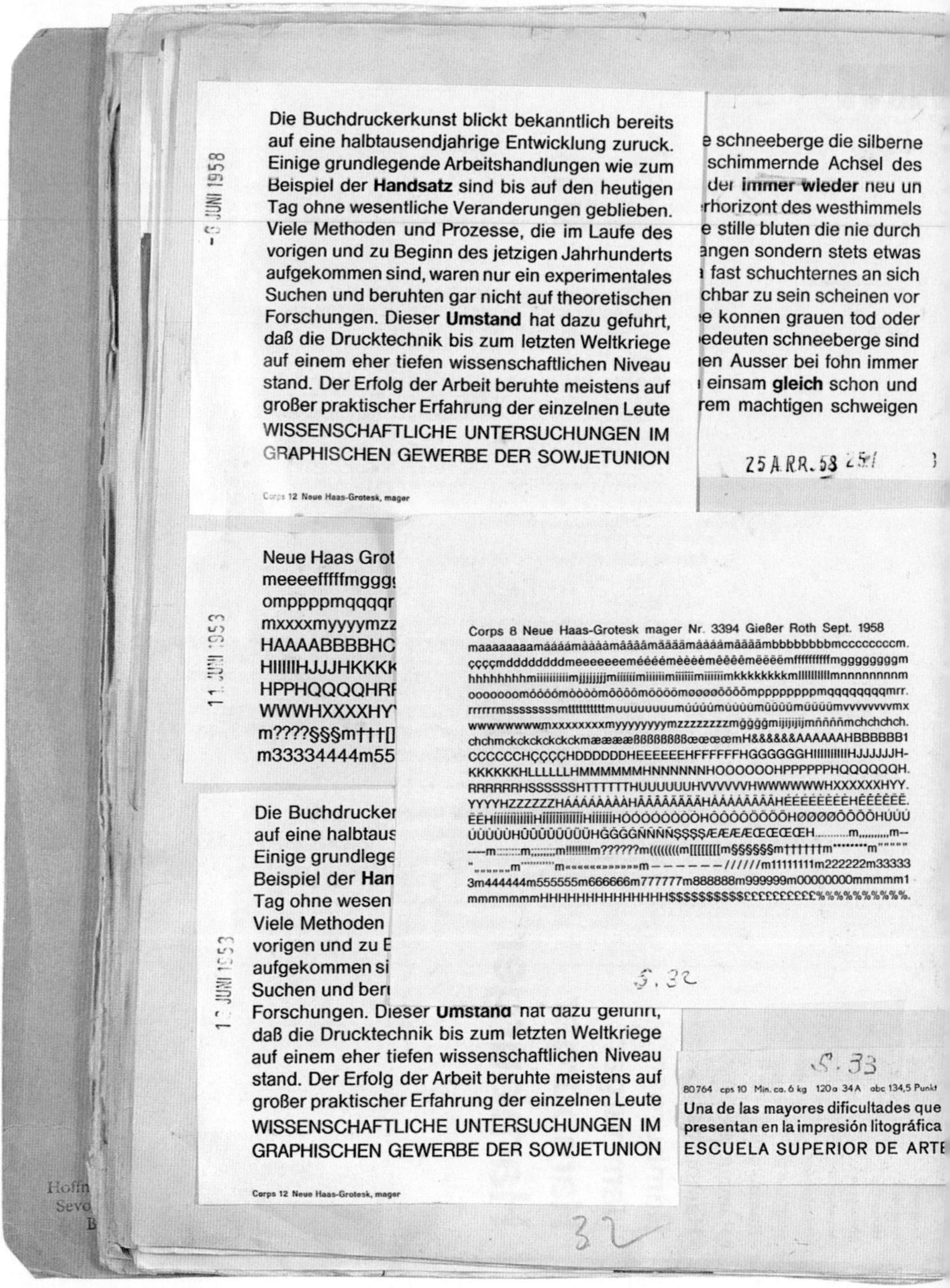

● 1958年4月：早在1958年初，在設計Black級之前，關於Regular級的視覺效果與字距的研究與測試就開始了。其中一些字母的字形與Bold級是不一樣的，比如「a」有一個弧形的字腳。

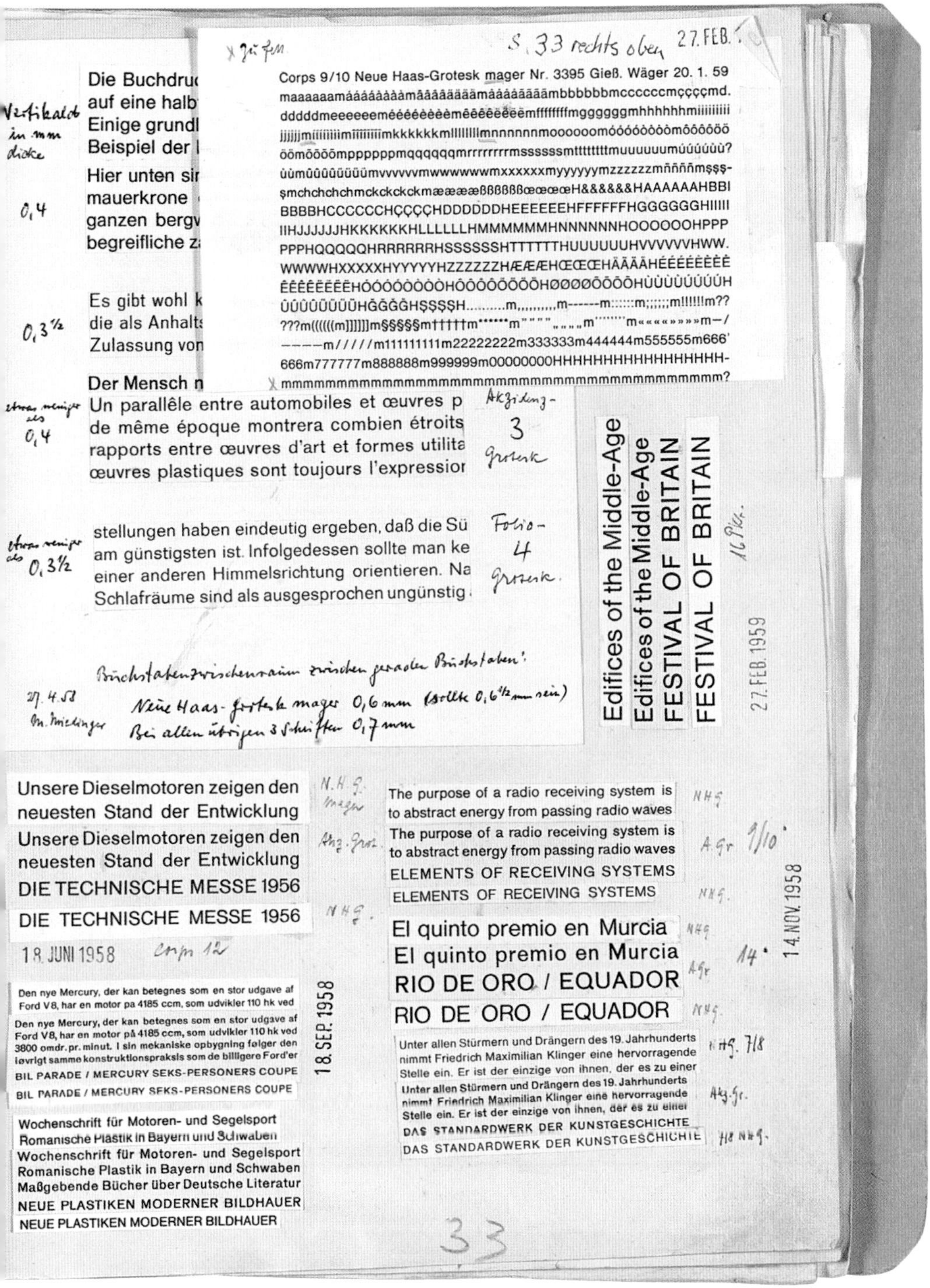
S. 33 rechts oben 27. FEB.

Corps 9/10 Neue Haas-Grotesk mager Nr. 3395 Gieß. Wäger 20. 1. 59

maaaaaamáááááàààmâââââääämåååååããmbbbbbmccccccmççççmd.
dddddmeeeeeeméééééèèèmêêêêëëëmffffffffmggggggmhhhhhhmiiiiiiii

Die Buchdru…
auf eine halb…
Einige grundl…
Beispiel der …

Hier unten si…
mauerkrone …
ganzen bergv…
begreifliche z…

Es gibt wohl k…
die als Anhalts…
Zulassung von…

Der Mensch n…

Un parallèle entre automobiles et œuvres p…
de même époque montrera combien étroits…
rapports entre œuvres d'art et formes utilita…
œuvres plastiques sont toujours l'expressio…

Akzidenz-3 Grotesk

stellungen haben eindeutig ergeben, daß die Sü…
am günstigsten ist. Infolgedessen sollte man ke…
einer anderen Himmelsrichtung orientieren. Na…
Schlafräume sind als ausgesprochen ungünstig…

Folio-4 Grotesk

Edifices of the Middle-Age
Edifices of the Middle-Age
FESTIVAL OF BRITAIN
FESTIVAL OF BRITAIN

27. FEB. 1959

Unsere Dieselmotoren zeigen den neuesten Stand der Entwicklung
Unsere Dieselmotoren zeigen den neuesten Stand der Entwicklung
DIE TECHNISCHE MESSE 1956
DIE TECHNISCHE MESSE 1956

18. JUNI 1958

Den nye Mercury, der kan betegnes som en stor udgave af Ford V8, har en motor pa 4185 ccm, som udvikler 110 hk ved
Den nye Mercury, der kan betegnes som en stor udgave af Ford V8, har en motor på 4185 ccm, som udvikler 110 hk ved 3800 omdr. pr. minut. I sin mekaniske opbygning følger den iøvrigt samme konstruktionspraksis som de billigere Ford'er
BIL PARADE / MERCURY SEKS-PERSONERS COUPE
BIL PARADE / MERCURY SEKS-PERSONERS COUPE

18. SEP. 1958

Wochenschrift für Motoren- und Segelsport
Romanische Plastik in Bayern und Schwaben
Wochenschrift für Motoren- und Segelsport
Romanische Plastik in Bayern und Schwaben
Maßgebende Bücher über Deutsche Literatur
NEUE PLASTIKEN MODERNER BILDHAUER
NEUE PLASTIKEN MODERNER BILDHAUER

The purpose of a radio receiving system is to abstract energy from passing radio waves
The purpose of a radio receiving system is to abstract energy from passing radio waves
ELEMENTS OF RECEIVING SYSTEMS
ELEMENTS OF RECEIVING SYSTEMS

14. NOV. 1958

El quinto premio en Murcia
El quinto premio en Murcia
RIO DE ORO / EQUADOR
RIO DE ORO / EQUADOR

Unter allen Stürmern und Drängern des 19. Jahrhunderts nimmt Friedrich Maximilian Klinger eine hervorragende Stelle ein. Er ist der einzige von ihnen, der es zu einer
Unter allen Stürmern und Drängern des 19. Jahrhunderts nimmt Friedrich Maximilian Klinger eine hervorragende Stelle ein. Er ist der einzige von ihnen, der es zu einer
DAS STANDARDWERK DER KUNSTGESCHICHTE
DAS STANDARDWERK DER KUNSTGESCHICHTE

33

● 在右邊，Regular級和Normal Grotesk體放在一起對比。從1957年起，除了Akzidenz Grotesk體之外，Folio體也成為了對比字體之一，這款字體是鮑爾公司同期在法蘭克福開發的。在字號相同時，New Haas Grotesk字距越來越與Akzidenz Grotesk體的字距接近。

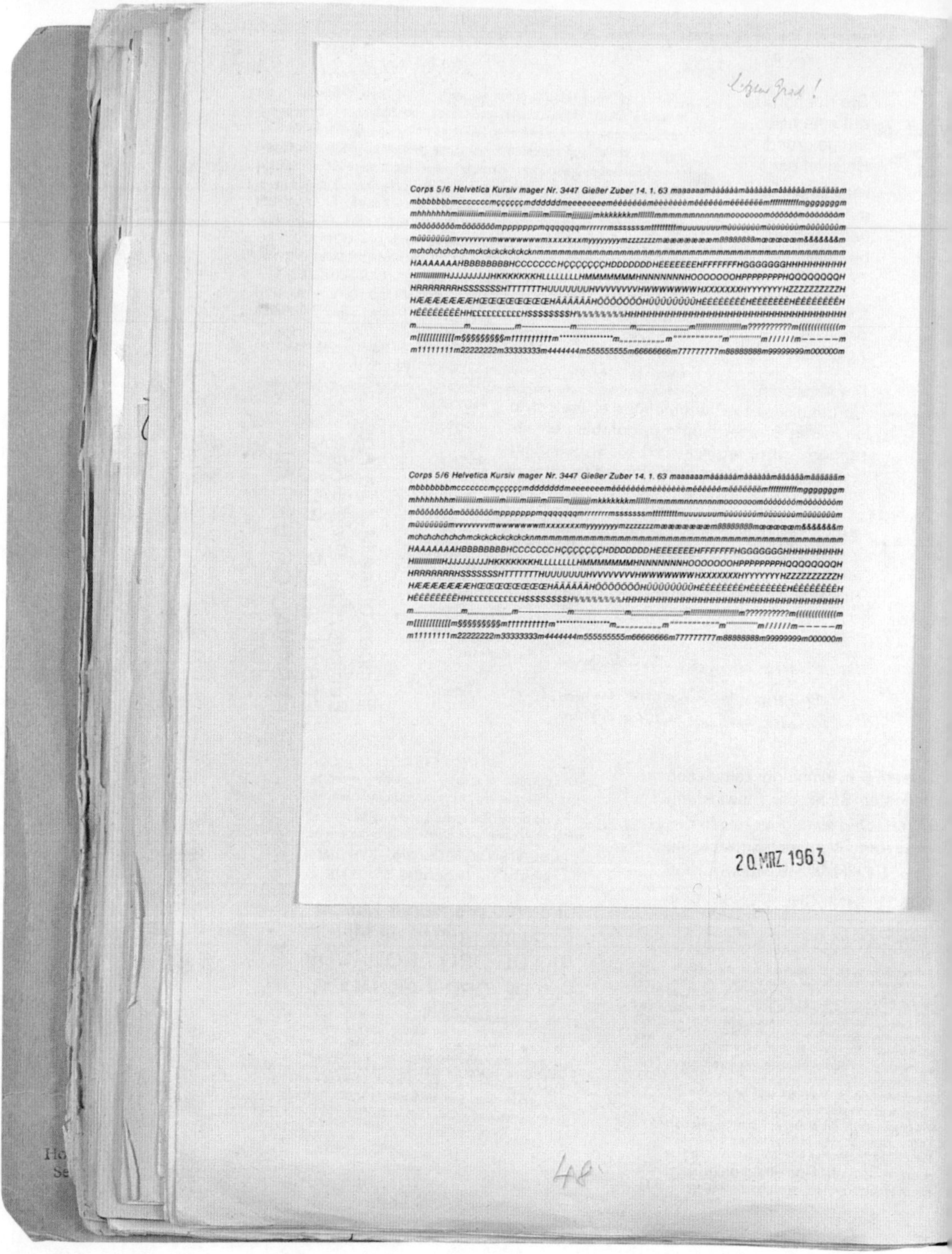

● 1963年3月：更多級數陸陸續續出來了。早在1959年，米丁格開始著手Helvetica的Regular Italic級，並於1961年發佈。左頁所示的5磅字是最後一個完成的字號。1961年，斯滕貝爾公司和萊諾公司接手了Helvetica下一步的發展，字體需要進一步的改進去適應鑄條機技術。但Bold 2號（1959年）、Black Italic級（右頁左側是1964年阿爾弗雷德．吉伯設計的圖樣的縮小版）、Bold Italic級（1968年）和Outline級（1974年）還繼續由哈斯公司來開發。

● 早先的原始版本取名「Helvetica A」，依然作為手工排版鉛字存在，與鑄條機用版本在字形上的差異很小，主要是字距上更緊一些。

哈斯鑄字公司的產品資訊手冊，1962年

這本手冊收錄了愛德華德・霍夫曼關於Helvetica字體創作中一些最重要的記載，遠不止是關於一些這款新字體的思考。他非常生動地陳述了那些推動進展的想法，指出了它的特別之處，還討論了字體設計過程中必須克服的一些困難。在最後，他甚至對使用無襯線字體提出了批評，這也許有點出乎人們的預料。像往常一樣，這本手冊在最後還加入了一些廣告、一個音樂會節目單、幾張空白頁以及字體產品的價格單。霍夫曼的文章是由手工排版完成的，完美地呈現出這款當時叫做New Haas Grotesk體（後來改稱Helvetica體）的字體表現力，同時也表達了他和米丁格對於可能形成的社會影響的展望。這篇文章曾經以「關於New Haas Grotesk體的思考」為標題在1961年的《字體月刊》(見60頁)上發表，1963年被再次引用到這本手冊裡。(見73-81頁)

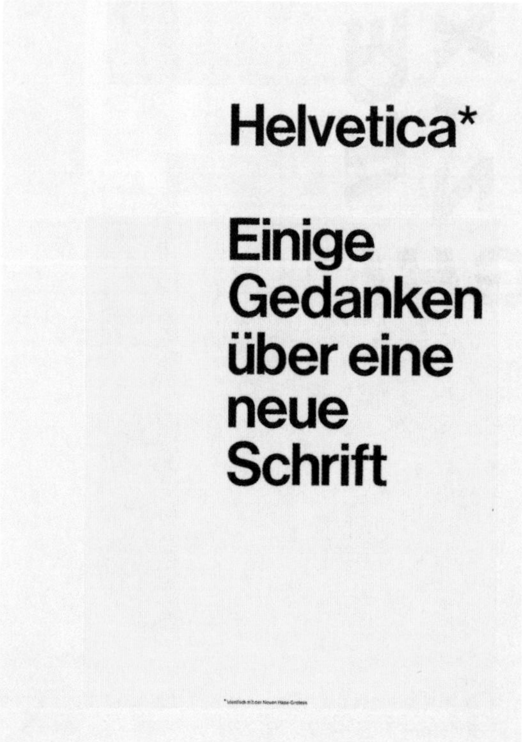

哈斯鑄字公司的產品資訊手冊，1962年。
〈關於New Haas Grotesk體的思考〉

關於New Haas Grotesk體的思考

如果有人說創作簡單的東西比創作複雜的東西更難，乍聽起來你肯定會覺得這個說法太荒謬了，但事實的確如此。聯繫到我們的事情上，就意味著設計一款好的無襯線字體要比設計一款個性字體要困難。當字母被縮減到最基本的形體時，設計中的不規則和不協調問題就會暴露無遺，而這在中古字體、埃及字體甚至是尖角字體中都看不大出來。當然，也有部分無襯線字體呈現出一些個性特質，例如：Feder Grotesk體、Kabei體、Peignot體、Gill Sans體以及其他的一些字體，在這些字體中，有一定的自由變化。

但是，我們對個性無襯線字體的回顧並不是以批判為目的，而是想說明無襯線字體是最穩定、最不容易被時尚潮流推著走的，以前無數的經驗都已證明了這一點。我們也在想，是不是這些無襯線字體（很多人懷疑其中的一些字體）的起源與字形要追溯到19世紀。

即便總是被與新藝術運動扯到一起，Haas Normal Grotesk體的風格還一直是非常受大眾歡迎的。但到了最近，這款字體似乎越來越不能適應時代的需要，這讓我們公司開始考慮再做一款新字體了。

30年前，伯濤德公司創作了Akzidenz體，它令人愉悅的、有吸引力的字形使瑞士平面設計師們為之著迷，也正是他們推動了該字體的成功。順理成章，這款無襯線字體也就成為了Haas Grotesk體的榜樣，新字體從它身上收穫了很多有益的啟示。Akzidenz體也曾被另一款在萊比錫出品的叫做Schelter Grotesk的字體所仿效，這款字體同樣以柔軟圓潤的弧線為特徵。除了這兩款字體之外，我們還請職業設計師們也對其他一些無襯線字體的字母字形的利弊逐個進行檢驗與評判。幸運的是，大家的意見基本一致，工作可以繼續了。人人都認為新無襯線體應該保持跟先前一樣的筆劃粗細和弧線處理，但是每個滿形字母（a、m、s、w、M、W）都應該在視覺上調整得稍瘦一些，為的是避免在印刷時字母內部顯得過空。出於美學上的原因，在大寫字母中主幹筆劃粗而次要筆劃細的傳統原則也被拋棄了，而這是我們從用鵝毛筆寫字以來所一直遵循的。另外，新無襯線體也沒有體現出「構成」性，這也就意味著它與丁字尺和圓規關係不大了，反而更加關注工藝方面，尤其是關於處理矩形與橢圓。還有就是Regular級和Bold級系列（以此類推包括Black級）的大寫字母要比小寫字母粗了一些。與此同時，新字體更加關注水平線，以保證更易閱讀，所以就對上伸部、下伸部和x高度之間的關係重新進行了設定。其他的調整也同樣重要：數位記號比大寫字母要矮了一點；「F」的中橫槓比「E」的中橫槓低了一點；Semi Bold級和Bold級的大寫字母「R」和小寫字母「a」在底線收尾的地方有一點向右的波形翹起；優先保證字母「b、d、g、p、q」的字谷部分的完整性和一致性，而不必顧慮與豎筆劃的關係。更多的細節調整還有：字母「g」並沒有準確地卡在基線上，而是稍微地向上調了一點。字碗看上去也稍微短了一點，並沒有刻意迎合字母的形體原則。

這些細節上的思考充分地展示了哈斯公司的新字體並沒有去嚴格遵循傳統的規則與律條，而是優先考慮字形所傳達出來的視覺感受。

字母「a、g、s、M、R、S」帶來的是一種特別的挑戰。例如，有人或許會注意到這裡的「a」和「R」在視覺上其實是有些細微的不同。這些細節對於外行來說很不容易注意到，或者會認為它沒那麼重要，但專業設計師卻會一眼就發現出來。除了字體設計上的這些問題，我們還對鑄模的寬度給予了特別的關注，對於無襯線字體來說，字距更緊密一些或者說不那麼寬的時候，人的眼睛就不會煞費苦心地在字母中逐個跳躍，文字也會更易讀。為了尋找最佳的字距設置，以「Hamburg」為單詞樣本，我們嘗試了四種不同的字距設置。最終，第三種被認定是最佳的。

這款新字體的創作要回溯到1956年，來自蘇黎世的馬科斯·米丁格——這位對無襯線字體非常熟悉的字體創作者以Bold級為樣本首先繪製出所有字母的墨稿，字高為10厘米。當他拿給哈斯公司看的時候，附了幾張照片，字母被縮小了，還展示了組成單詞和句子之後的效果。

基於多年的專業經驗，他非常清楚檢驗一款新字體是否合理有效要看在完整單詞中所呈現出的狀態，而不能只憑單個字母的效果去判斷。即便經過了這樣的檢測，有時也還會出現意外：某個字母在一個單詞中看起來狀態極佳，但在另一個單詞中卻截然相反。遇到這種情況，就需要重新修改某些部分，以尋求適當的妥協與平衡。在經過無數次測試、修正不同的單詞組合方式之後，整個字母表慢慢成形了。緊接著，部分Bold級的20磅字號開始刻模、電鍍和鑄模了。然而，在進一步的測試中，一些單詞的組合依然不能令人滿意。再經過一輪修改，還有一些問題暴露了出來，例如小寫字母「a」和「g」，接下來就進入了第三輪，甚至是第四輪。在Bold級最重要的磅數完成之後，就開始了Regular級和整個Bold級系列的創作。我們必須要澄清一點：New Haas Grotesk現在是一款全新的字體，是純粹的瑞士出品——無論設計、刻模和鑄模都是如此。

由於新字體在瑞士和國外都取得了罕見而令人驚訝的成功，法蘭克福的萊諾公司決定把New Haas Grotesk體列為鑄條排版機的機用無襯線字體之一（其他的還包括Neuziet Grotesk體、Akzidenz Grotesk體、Futura體、和Normal Grotesk體）。為了紀念它的起源，在得到了哈斯公司的許可之後，這款字體被重新命名為「Helvetica」。我們也很欣喜地發現，就像瑞士的專業設計師們後來所證實的那樣，由萊諾公司發佈的兩種級數的Helvetica體（Regular級和Semi Bold級）能夠完美地符合所有技術上的要求，同時在美學上也非常令人滿意。

為了慶祝他們的成功，哈斯公司決定為新字體出版一本環裝活頁的字體系統應用手冊，供設計師們在進行印刷設計、草圖製作時參考。這是同類產品中第一本最全面、也最實用的字體參考工具書。在這本書中可以看到，Regular級系列從4磅到28磅、Bold級和Black級系列從6磅到72磅，都有標題排版和正文排版的案例，全部通過手工完成。這本手冊馬上就產生了轟動效應，直到現在仍然有很多人在用，這從現在我們還能收到訂單就可以得到證明。

在說完上述的話之後，我們希望把這個平臺交給讀者，讓他們對這款無襯線字體做出他們自己的結論。也許他們的觀點與我們不同，也許他們更傾向於New Haas Grotesk體之外的其他無襯線字體。那也沒有問題，因為「仁者見仁，智者見智（De gustibus non est disputandum）」。如果每個人都在使用同一款無襯線字體的話，這會不會是我們這個時代的悲哀呢？當然是的。讓我們往前再走一步，總結一下，說得再直白些：有一款優秀的無襯線字體對於今天以及這個時代來說是非常重要的，但這不應該是唯一的、或者說完美無缺的字體。除了無襯線字體之外，能夠體現中古和古典風格的羅馬字體、以及埃及字體、Clarendon字體都應該重新獲得它發揮作用的平臺。在將來，非常有必要去學會分清楚在什麼情形下使用無襯線字體比羅馬字體或者埃及字體更加合適。我們不要盲目誇大無襯線字體的適用範圍，這會造成一種壓迫性的過量濫用——這實際上也是對New Haas Grotesk體的一種傷害。

Helvetica和New Haas Grotesk其實是一回事，是同一款字體。由哈斯公司創作，製成萊諾排版機專用字模之後，這款字體被稱為「萊諾Helvetica」。

Es klingt paradox, wenn man die Behauptung aufstellt, es sei oft schwerer etwas einfaches zu gestalten als komplizierteres, aber es ist schon so. Oder mit anderen Worten und auf unseren Fall bezogen: Es fällt schwerer, eine einfache gute Groteskschrift zu entwerfen, als eine Schrift mit individueller Prägung. Just bei den Buchstabenformen, die auf ihre wesentlichen Merkmale reduziert sind, treten Unregelmäßigkeiten und Mängel in ihrer Gestaltung sofort deutlich in Erscheinung, während solches zum Beispiel bei den freieren Formen einer Mediäval, einer Egyptienne oder gar einer Fraktur nicht der Fall ist. Wir kennen auch bei den Grotesken Vertreter, die persönlichen Formwillen verraten, beispielshalber die Feder-Grotesk, Kabel, Peignot, Gill-Grotesk und andere mehr, wo gewisse Freiheiten durchaus am Platze sind.
Hier nun geht es uns nicht darum, individuelle Schriftschöpfungen kritisch zu beleuchten, sondern wir möchten uns in aller Sachlichkeit mit jener Sorte von Groteskschriften befassen, die heute auf Grund von Erfahrungen am ehesten imstande sind, allen Modeströmungen mit Erfolg Widerstand zu leisten. Wir denken dabei an die, mitunter zu Unrecht in Mißkredit gebrachten, Grotesken (oder Endstrichlosen), deren Ursprung und Schnitt auf das ausgehende 19. Jahrhundert zurückführt.
Bis vor noch nicht langer Zeit erfreute sich zwar die Haas'sche Normal-Grotesk recht großer Beliebtheit, trotz ihrer dem Jugendstil noch anhaftenden Reminiszensen; aber die Schrift vermochte späterhin den an sie gestellten Anforderungen je länger je weniger standzuhalten, so daß die Gießerei den Gedanken erwog, sich mit einer Neuschöpfung zu befassen.
Schon vor 30 Jahren war es vor allem die Berthold'sche Akzidenz-Grotesk, die mit ihren sympathischen und ansprechenden Formen verschiedene Schweizer Graphiker beeindruckte und durch sie zu neuem Leben erweckt wurde. Diese Grotesk sollte darum der Neuschöpfung der Haas'schen Schriftgießerei zu Gevatter stehen und ihr einige wertvolle Anregungen geben, sekundiert von der sogenannten ‹Schelter-Grotesk› aus Leipzig, deren Buchstaben sich ebenfalls durch runden, weichen Duktus auszeichneten. Im weiteren konsultierte man eine Reihe anderer brauchbarer Groteskschriften und besprach so im Beisein von Fachleuten Vor- und Nachteile dieser oder jener Figur. Erfreulicherweise deckten sich im großen und ganzen die einzelnen Ansichten, so daß rüstig ans Werk geschritten werden konnte.
Man war sich vor allem in dem Punkt einig, daß die neue Grotesk durchgehend die gleiche Liniendicke und Rundungen beibehalten soll, wobei mit zu berücksichtigen war, daß alle Buchstaben mit vollen Formen, also a m s w M W an bestimmten Stellen leicht zu verdünnen seien, und zwar jeweils dort, wo dies vom Auge am wenigsten wahrgenommen wird, das heißt, meist im Innern der Schriftbilder. Man erreicht damit, daß die unschönen und im Satz

● 〈關於New Haas Grotesk體的思考〉(德文原文版)

RRRRR
aaaa

Hamburger
Hamburger
Hamburger
Hamburger

am

sw

MW

bd

gpq

EF

dunklen Anschwellungen vermieden werden. Aus ästhetischen Gründen, namentlich bei Verwendung der Schrift im Versalsatz, wurde hier bewußt die Regel der dickeren Grund- und dünneren Haarstriche, die uns allen vom Schreiben mit der Redisfeder her bekannt ist, nicht befolgt. Die neue Grotesk durfte aber auch nicht den Anschein des Konstruierten erwecken, also nicht an Reißschiene und Zirkel erinnern, sondern sollte, auf dem Rechteck und dem Oval aufgebaut, vermehrt das Handwerkliche betonen. Ferner waren bei der mageren und halbfetten Garnitur die Versalien unmerklich und beim fetten Schnitt wesentlich kräftiger zu halten als die Gemeinen. Im weiteren setzte man ein neues, bisher wenig gewohntes Verhältnis der Ober- und Unterlängen zu den Mittellängen fest, zum Zweck der Betonung der Horizontalen, was erwiesenermaßen die Lesbarkeit der Schrift erhöht. Außerdem sollten unter anderem folgende Punkte berücksichtigt werden: Die Ziffern sind niedriger zu schneiden als die Versalien, der mittlere Querbalken beim F steht tiefer als beim E, Versal R und gemeines a endigen in der halbfetten und der fetten Garnitur unten mit einem leichten Rhythmus nach rechts, die inwendigen, nicht druckenden, weißen Ovale bei bdgpq behalten ihre ebenmäßigen Rundungen bei, auf Kosten der Vertikalstriche. Buchstabe g steht in der Mitte absichtlich nicht auf, sondern oberhalb der Schriftlinie. Das Oval erscheint so in etwas verkürzter Form, ohne daß dadurch die Gestalt des Buchstabens beeinträchtigt wird.
Schon aus diesen wenigen Bemerkungen ersehen wir, daß der Haas'schen Gießerei der visuelle Eindruck, den die Formen vermitteln, wichtiger erschien, als das konsequente Festhalten an Gesetzmäßigkeiten und überlieferten Vorschriften.
Besondere Schwierigkeiten bereiteten die folgenden Buchstaben agsMRS. Man beachte zum Beispiel die hier abgebildeten a und R mit ihren minimen Bildunterschieden, die dem Laien wohl kaum auffallen und zumindest indifferent scheinen, dem Fachmann aber sofort in die Augen springen.
Neben der Gestalt der Type als solcher wurde auch der Weite der zu gießenden Buchstaben besondere Beachtung geschenkt. Von der Tatsache ausgehend, daß eine Groteskschrift leichter lesbar ist, wenn die Wörter eng gesetzt sind, also nicht wie gesperrt erscheinen, so daß das Auge sich nicht durch die einzelnen Buchstaben mühsam hindurchlesen muß, wurden Versuche mit vier verschiedenen Weiten mit dem Schriftgießereiwort ‹Hamburger› angestellt, und dabei fiel der Entscheid auf Position 3, als der am besten zusagenden Weite.
Die ersten Entwürfe des halbfetten Bildes von Max Miedinger in Zürich, einem guten Kenner von Groteskschriften, gehen auf das Jahr 1956 zurück und zwar legte Miedinger damals der Gießerei Tuschzeichnungen verschiedener Figuren von etwa zehn Zentimeter Größe vor, zusammen mit einigen verkleinerten Fotos von

ganzen Wörtern und Zeilen. Die Erfahrung hat erwiesen, daß eine neue Schrift erst im zusammenhängenden Wort richtig und objektiv beurteilt werden kann und nicht nur anhand einzelner Buchstaben. Trotz allem mußte man auch so hie und da die unliebsame Beobachtung machen, daß, wenn zum Beispiel eine bestimmte Figur in einem Wort durchaus befriedigte, die gleiche Figur, jedoch in anderer Umgebung, aus der Reihe tanzte und sozusagen als Fremdkörper wirkte. Solche Vorkommnisse machten Umarbeitungen nötig, indem man nach geeigneten Kompromißlösungen suchen mußte. Vermittelst zahlreicher und mühsamer Kombinationen und Wortzusammenstellungen wurden nach und nach die Formen des ganzen Alphabetes grosso modo festgelegt. Dann ließ man probeweise von der 20 Punkt des halbfetten Schnittes einige wenige Buchstaben in Blei gravieren, galvanisieren und gießen. Dabei konnte es geschehen, daß ein zur Prüfung abgedrucktes Wort auch jetzt noch nicht befriedigte. Trotz vorausgegangener Neuzeichnung genügten, um ein Beispiel zu nennen, die gemeinen a und g noch nicht und mußten ein drittes, ja sogar ein viertes Mal umgearbeitet werden. Nach Fertigstellung der wichtigsten Grade der halbfetten Grotesk wurde der magere und nachher ein fetter Schnitt in Arbeit genommen.

Diese Tatsache müssen oder dürfen wir hier festhalten: Bei der Neuen Haas-Grotesk handelt es sich um eine Neuschöpfung, die den Anspruch erheben kann, in allem, das heißt, vom Entwurf über den Schnitt bis zur gegossenen Type als ein rein schweizerisches Erzeugnis angesehen zu werden.

Der außerordentliche und beachtenswerte Erfolg, den die Schrift zunächst in der Schweiz und hernach auch im Auslande zu verzeichnen hatte, veranlaßte die Linotype GmbH. in Frankfurt a/M zu den bereits vorhandenen Groteskschriften (Neuzeit-Grotesk, Akzidenz-Grotesk, Futura und Normal-Grotesk) auch die Neue Haas-Grotesk auf die Setzmaschine zu nehmen. Zur Erinnerung an ihre Herkunft wurde ihr im Einverständnis mit der Direktion der Haas'schen Gießerei der Name ‹Helvetica› gegeben. Wir dürfen aber auch mit Genugtuung die Feststellung machen – namhafte Schweizer Fachleute werden dies übrigens bestätigen – daß die Setzmaschinenschrift der an sie gestellten Vorschriften betreffend der Bildbreiten bei mager und halbfett auf einer und derselben Matrize als durchaus gelungen bezeichnet werden darf.

In ihrer Freude über das erfolgreiche Werk hat sich die Haas'sche Schriftgießerei zu einem besonderen Aufwand entschlossen: zur Herausgabe eines sogenannten Satzklebebuches, bestimmt für alle, die sich mit dem Entwurf von Drucksachen, Maquetten und dergleichen zu befassen haben. Eine solche Einrichtung in dieser reichhaltigen und praktischen Form hatte bisher gefehlt, obschon ein großes Bedürfnis danach bestand. Von der mageren Grotesk wurden sämtliche Grade von 4 bis 28 Punkt in fortlaufenden Texten

Q

R

G

e

s

● 〈關於New Haas Grotesk體的思考〉(德文原文版)

abgesetzt und abgedruckt und von der halbfetten und fetten Garnitur die Grade 6 bis 72 Punkt. Dieses Satzklebebuch hat spontan eingeschlagen und wird seither ausgiebig benutzt, was anhand fortwährend bei uns einlaufender Nachbestellungen von Einzelblättern festgestellt werden kann.
Nach all dem im vorhergehenden Gesagten möchten wir aber nun dem Leser das Wort erteilen, damit er selbst sein Urteil über die geschilderte Grotesk abgibt. Möglich, daß seine Ansichten mit den hier wiedergegebenen nicht übereinstimmen, und daß er einer anderen Grotesk als der Neuen Haas-Grotesk den Vorzug gibt. Das wäre ganz und gar kein Unglück, denn ‹De gustibus non est disputandum›. Wäre es nicht vielmehr ein Armutszeugnis für unsere Zeit, würde von nun an für alle Arbeiten stets dieselbe Grotesk verwendet? Ganz bestimmt.
Gehen wir einen Schritt weiter, verallgemeinern wir und sagen wir es ganz offen heraus: Wohl ist heutzutage eine gute Grotesk eine Notwendigkeit, aber sie soll nicht die allein seligmachende Schrift sein. Neben der Grotesk muß die Antiqua, in der Mediäval- oder klassizistischen Form sowie auch die Egyptienne und die ihr verwandte Clarendon das verlorene Feld wieder zurückerobern. Man wird in Zukunft auch lernen müssen, klar zu unterscheiden, wann eine Grotesk und in welchem Fall eine Antiqua oder eine Egyptienne in Berücksichtigung zu ziehen ist. Hüten wir uns davor, die Grotesk zum ‹Mädchen für alles› zu stempeln, sonst könnte es eines schönen Tages geschehen, daß dieses Mädchen uns zum Überdruß wird – und damit wäre auch der Neuen Haas-Grotesk ein denkbar schlechter Dienst erwiesen. EH

Helvetica und Neue Haas-Grotesk sind Bezeichnungen für eine und dieselbe Schrift.
Zur Setzmaschine genau passende Handsatztypen führen den Namen ‹Linotype-Helvetica›.

R

金屬活字版的
Helvetica家族
字級列表

1957~1974

Helvetica Light級，1966/67年。

ABCDEFGHIJKLMNOPQRSTUVWXYZÄÖÜÆŒÇÁÀÂÉÈÊË&
1234567890abcdefghijklmnopqrstuvwxyzßæœçàâäéèêëîïôöù
ûüabcdefghijklmnopqrstuvwxyzabcdefghijklmnopqrstuvwxyz

10 Werfen wir den Blick auf das, was auf dem Gebiet des Schriftschaffens während der
letzten Jahre in der Schweiz geleistet wurde, so machen wir die Beobachtung, daß
mit wenigen Ausnahmen die Grundrichtung stets die gleiche geblieben ist, insofern

16 Spannende Leichtathletikkämpfe im Hamburger Volksp
Forschungsreise des Naturwissenschaftlichen Institutes

20 RHEINISCHE EISENWERKE BOCHUM

Helvetica Light Italic級，1967/68年。

ABCDEFGHIJKLMNOPQRSTUVWXYZÆŒÇÁÀÂÄÉÈÊËÓÒ&
1234567890abcdefghijklmnopqrstuvwxyzßæœçàâäéèêëîï
ôöùûüabcdefghijklmnopqrstuvwxyzabcdefghijklmnopqrstuvw

10 *Werfen wir einen Blick auf das, was auf dem Gebiet des Schriftschaffens in der*
Schweiz während der verflossenen Jahre geleistet worden ist, so können wir die
Beobachtung machen, daß mit wenigen Ausnahmen die Grundrichtung stets die

16 *Lebensgewohnheiten der Eingeborenenstämme Zentr*
Grüne Woche ermöglicht Leistungsvergleich in der Lan

20 *COLLECTION OF PICTURE BOOKS*

Helvetica Light Extra Expanded級，1972年。

ABCDEFGHIJKLMNOPQRSTUVWXYZÆŒ
ÇÁÀÂÄÃÅÉÈÊËÍÌÎÏÑÓÒÔÖÕØÚÙÛÜ&1234
567890abcdefghijklmnopqrstuvwxyzßæœç

10 Werfen wir einen Blick auf das, was auf dem Gebiete des
Schriftschaffens während der vergangenen Jahre in der
Schweiz geleistet wurde, so können wir die Beobachtung

16 Bornholm, det interessanta målet för
La peinture au Musée Ancien de Bruxe

UFFICIO TURISTICO FORES

Helvetica Regular級，1958年。

ABCDEFGHIJKLMNOPQRSTUVWXYZÆŒÇÁÀÂÄÃÅÉÈÊË
ÍÌÎÏÑÓÒÔÖÕØÚÙÛÜ&1234567890abcdefghijklmnopqrstuvwx
yzßæœçáàâäãåéèêëíìîïñóòôöõøúùûüabcdefghijklmnopqrst

10 Werfen wir einen Blick auf das, was in der Schweiz auf dem Gebiet des Schriftschaffens während der verflossenen Jahre geleistet wurde, so machen wir die Beobachtung, daß mit wenigen Ausnahmen die Grundrichtung stets die gleiche

16 Entwässerung und Straßenbau sind in dem Gebiet se
Die neuen Winter-Sendezeiten des Südwestdeutsch

20 DIE BREMER STADTMUSIKANTEN

Helvetica Regular Italic級，1961年。

ABCDEFGHIJKLMNOPQRSTUVWXYZÆŒÇÁÀÂÄÉÈÊË&
1234567890abcdefghijklmnopqrstuvwxyzßæœçàâäéèêëîïôö
ùûüabcdefghijklmnopqrstuvwxyzabcdefghijklmnopqrstu

10 *Werfen wir einen Blick auf das, was auf dem Gebiet des Schriftschaffens in der Schweiz während der verflossenen Jahre geleistet worden ist, so können wir die Beobachtung machen, daß mit wenigen Ausnahmen die Grundrichtung stets die*

16 *The art of book-producing was never on a higher level*
the time of the invention of printing. The power and ha

20 *SINFONIEKONZERT IM RUNDFUNK*

Helvetica Regular Expanded級，1963年。

ABCDEFGHIJKLMNOPQRSTUVWXYZÆŒÇÁÀÂÄÉ
&1234567890abcdefghijklmnopqrstuvwxyzßæœç
àâäéèêëîïôöùûüabcdefghijklmnopqrstuvwxyzabcd

10 Werfen wir einen Blick auf das, was auf dem Gebiet des Schriftschaffens in der Schweiz während der vergangenen Jahre geleistet worden ist, so machen wir die Beobachtung, daß mit wenigen Ausnahmen die Grund-

16 Neue Gestaltungsmöglichkeiten für den Graph
Eröffnungsreden zu der Frankfurter Rauchwar

20 HAMBURGER ÜBERSEEHAFEN

Helvetica Bold級，1957年。

ABCDEFGHIJKLMNOPQRSTUVWXYZÆŒÇÁÀÂÄÃÅÉÈÊË
ÍÌÎÏÑÓÒÔÖÕØÚÙÛÜ&1234567890abcdefghijklmnopqrstuv
wxyzæœçáàâäãåéèêëíìîïñóòôöõøúùûüabcdefghijklmno

10 **Werfen wir einen Blick auf das, was in der Schweiz auf dem Gebiet des Schriftschaffens während der verflossenen Jahre geleistet wurde, so machen wir die Beobachtung, daß mit wenigen Ausnahmen die Grundrichtung stets die gleiche**

16 **Lichtbildervortrag über moderne Werbemittelgestal**
Neuartige Programmgestaltung des Hessischen Ru

20 **FRANKFURTER HERBSTMESSEN**

Helvetica Bold Italic級，1969年。

ABCDEFGHIJKLMNOPQRSTUVWXYZÆŒÇÁÀÂÄÃÅÉÈÊ
ËÍÌÎÏÑÓÒÔÖÕØÚÙÛÜ&1234567890abcdefghijklmnopq
rstuvwxyzßæœçáàâäãåéèêëíìîïñóòôöõøúùûüabcdefghijkl

10 ***Werfen wir einen Blick auf das, was auf dem Gebiet des Schriftschaffens in der Schweiz während der verflossenen Jahre geleistet worden ist, so können wir beobachten, daß mit wenigen Ausnahmen die Grundrichtung stets die gleiche***

16 ***Die erste Mondlandung war ein großes historisches***
Sonderfahrt zu der Internationalen Automobil-Ausst

20 ***MANUFACTURAS DE PORCELANA***

Helvetica Bold Expanded級，1961年。

ABCDEFGHIJKLMNOPQRSTUVWXYZÆŒÇÁÈ
&1234567890abcdefghijklmnopqrstuvwxyzß
æœçàâäéèêëîïôöùûüabcdefghijklmnopqrstuv

10 **Werfen wir einen Blick auf das, was in der Schweiz auf dem Gebiet des Schriftschaffens während der verflossenen Jahre vollbracht worden ist, so können wir die Beobachtung machen, daß mit einigen**

16 **Neue Möglichkeiten für Drucksachengest**
Polizeihunde-Schau im Berliner Olympias

20 **DRUCKSACHENGESTALTER**

Helvetica Black級，1959年。

ABCDEFGHIJKLMNOPQRSTUVWXYZÆŒÇÁÀÂÄÃÅ
ÉÈÊËÍÌÎÏÑÓÒÔÖÕØÚÙÛÜ&1234567890abcdefghij
klmnopqrstuvwxyzßæœçáàâäãåéèêëíìîïñóòôöõøúùû

10 **Werfen wir einen Blick auf das, was in der Schweiz auf dem Gebiet des Schriftschaffens während der verflossenen Jahre geleistet wurde, so machen wir die Beobachtung, daß mit wenigen Ausnah-**

16 **Archäologisches Institut der Universität Fran**
Herstellungskosten kosmetischer Körperpfle

20 **FRANKFURTER BUCHMESSE**

Helvetica Black Italic級，1965 /67年。

ABCDEFGHIJKLMNOPQRSTUVWXYZÆŒÇÁÀÂÄÃÅ
ÉÈÊËÍÌÎÏÑÓÒÔÖÕØÚÙÛÜ&1234567890abcdefghijklmn
opqrstuvwxyzßfffiflftæœçáàâäãåéèêëíìîïñóòôöõøúùûü

10 ***Werfen wir den Blick auf das, was in der Schweiz auf dem Gebiete des Schriftschaffens in den verflossenen Jahren vollbracht worden ist, so können wir die Beobachtung machen, daß mit wenigen Aus-***

16 ***Elementare Grundsätze in der Drucksachenges***
Tagungen der Forschungsgesellschaft für Rau

20 ***GOTISCHE KIRCHEN UND DOME***

Helvetica Black Expanded級，1959年。

ABCDEFGHIJKLMNOPQRSTUVWXYZÆ
ŒÇÁÀÂÄÃÅÉÈÊËÍÌÎÏÑÓÒÔÖÕØÚÙÛÜ&1
234567890abcdefghijklmnopqrstuvw

10 **Werfen wir den Blick auf das, was auf dem Gebiet des Schriftschaffens in der Schweiz während der verflossenen Jahre geleistet wurde, so können**

16 **Vortrag über moderne Raumges**
Neue Wege in der Farbenherstell

20 **GRAPHISCHE BETRIEBE**

Helvetica Regular Condensed級，1963年。

ABCDEFGHIJKLMNOPQRSTUVWXYZÆŒÇÁÀÂÄÃÅÉÈÊËÍÌÎÏÑÓÒÔÖÕØÚÙÛÜ&1234567890abcdefgh
ijklmnopqrstuvwxyzßæœçáàâäãåéèêëíìîïñóòôöõøúùûüabcdefghijklmnopqrstuvwxyz
abcdefghijklmnopqrstuvwxyzabcdefghijklmnopqrstuvwxyzabcdefghijklmnopqrstuvwxyz

10 Werfen wir einen Blick auf das, was auf dem Gebiet des Schriftschaffens in der Schweiz während der verflossenen Jahre geleistet worden ist, so können wir beobachten, daß mit wenigen Ausnahmen die Grundrichtung stets die gleiche geblieben ist, insofern als alle

16 Große Leistungsschau der Landwirtschaft anläßlich der Grünen Wo
Internationaler Leichtathletikwettkampf im Hamburger Volksparkst

20 ZEITSCHRIFT FÜR REISE UND TOURISTIK

Helvetica Bold Condensed級，1963年。

ABCDEFGHIJKLMNOPQRSTUVWXYZÆŒÇÁÀÂÄÃÅÉÈÊËÍÌÎÑÓÒÔÖÕØÚÙÛÜ&
1234567890abcdefghijklmnopqrstuvwxyzßæœçáàâäãåéèêëíìîïñóòôöõøúùûüabcdef
ghijklmnopqrstuvwxyzabcdefghijklmnopqrstuvwxyzabcdefghijklmnopqrstuvwx

10 **Werfen wir einen Blick auf das, was in der Schweiz während der verflossenen Jahre auf dem Gebiet des Schriftschaffens geleistet wurde, so machen wir die Beobachtung, daß mit wenigen Ausnahmen die Grundrichtung immer die gleiche geblieben war, insofern als alle Schriftformen**

16 **Das ausführliche Programm für die Orgelkonzerte des kommenden Winterha**
Ein Bericht über die Entwicklung des Goldschmiedehandwerks im Lauf der

20 **AUSSCHEIDUNG ZU DEN OLYMPISCHEN SPIELEN**

Helvetica Black Condensed級，1963年。

ABCDEFGHIJKLMNOPQRSTUVWXYZÆŒÇÁÀÄÃÅÉÈÊËÍÌÑÓÒÖÕØÚÙÜ
1234567890abcdefghijklmnopqrstuvwxyzßæœçáàâäãåéèêëíìîïñóò
ôöõøúùûüabcdefghijklmnopqrstuvwxyzabcdefghijklmnopqrstuv

10 **Werfen wir einen Blick auf das, was auf dem Gebiet des Schriftschaffens in der Schweiz während der verflossenen Jahre geleistet wurde, so machen wir die Beobachtung, daß mit wenigen Ausnahmen die Grundrichtung stets**

16 **Ein Buch mit den schönsten Fotografien von den Olympischen S**
Neuartige Gestaltungsmöglichkeiten von Plakaten und Zeitung

20 **HESSISCHE SCHAUSPIELBÜHNE IN KASSEL**

Helvetica Compact級，1965年。

20 Plastiken und Skulpturen moderner Bildhauer
Handbücher für Techniker und Ingenieure

36 DIE GEWINNUNG DER KOHLE

Helvetica Poster Bold級，1965年。

Nebel

10 Cic.

Helvetica Poster Bold Condensed級，1965年。

Steinadler

10 Cic.

Helvetica Poster Compact級，1965年。

Gasthof

10 Cic.

金屬活字版的Helvetica家族字級列表
摘自哈斯公司字體索引與斯滕貝爾公司字樣宣傳冊
Poster字級，木活字、塑料活字或鋁活字。

S

"New Haas Grotesk repeats the good forms of the nineteenth century in modern dress and with new proportions. The spaces between letters are unusually narrow, which increases the legibility of the type." Haas

A Comparison

Indra Kupferschmid

「New Haas Grotesk體採用了現代的方式和全新的比例規格，再現了19世紀的完美形式。它的字距比較緊湊，字體的閱讀性得到了很大的提高。」——哈斯公司

字體比對

因德拉 · 庫普弗施密德

Helvetica的祖先

第一款無襯線字體「Grotesques」(Grotesques也譯為「醜八怪」)

在19世紀早期的英格蘭，無襯線字體非常少見，甚至被看成是「醜八怪」，主要是畫廣告牌的師傅和石匠在使用 。隨著工業化的展開，無襯線字體變得越來越重要，因為在廣告宣傳中，那些傳統、古典的襯線字體顯得太老土了。而且無襯線字體也更容易繪製和做版。

第一款無襯線字體誕生於1816年，由威廉姆・卡斯隆(William Carslon)創作而成，但在當時並沒有引起人們的注意。當文森特・費金斯(Vincent Figgins)和威廉姆・陶勞高(William Thorowgood)創作出粗一些的無襯線體之後，才開始有了像樣的需求。這些早期無襯線字體的造型和比例關係大多是從當時盛行的古典現代風格中借鑒而來，這在大寫字母中體現得非常明顯，在小寫字母和數位中就不那麼明顯了(後來這被看作是無襯線字體的第一種風格)。1865年，這些字體的小字號也陸續出現了，主要用作廣告(少量印刷的海報等)中的說明文字。到了19世紀末，這種「醜八怪」(無襯線)字體在全世界越來越受歡迎。每家鑄字公司都想生產自己的無襯線字體，但當時製作鋼模非常耗時而且成本高昂。是德國萊比錫的瓦格納與施密特(Wagner & Schmidt)公司把它製成了銅模，可供其他公司來翻製無襯線字體。因為這個緣故，很多字體看起來非常相像，甚至完全沒有區別。

Egyptian，設計者：威廉姆·卡斯隆，1816年。

威廉姆·卡斯隆（William Caslon）創作的Egyptian體——這在當時是個非常時髦的術語，被作為賣點來看。Semi Bold級，只有28磅的大寫字母。跟同時代的其他高貴型字體相競爭，並沒佔上風。

CANON ITALIC OPEN.

CUMBERLAND.

CANON ORNAMENTED.

TYPOGRAPHY.

TWO LINES ENGLISH EGYPTIAN.

W CASLON JUNR LETTERFOUNDER

TWO LINES ENGLISH OPEN.

SALISBURY SQUARE.

Sans-serif，設計者：文森特·費金斯，1832年。

文森特·費金斯（Vincent Figgins）創作的這款字體是第一款被稱為「無襯線」的字體。只有Bold級，有10個不同的字號，非常適合在廣告和海報中使用。

TWO-LINE GREAT PRIMER SANS-SERIF.

TO BE SOLD BY AUCTION,
WITHOUT RESERVE;
HOUSEHOLD FURNITURE,

Grotesque，設計者：威廉姆·陶勞高，1834年。

威廉姆·陶勞高（William Thorowgood）創作了第一款叫做「Grotesque」的字體，包含了小寫字母，使Bold Condensed級的無襯線字體變得廣為人知。

SEVEN LINE GROTESQUE.

Communicate

New Haas Grotesk，以1957年作為對照。

Hamburges

Edel Grotesk，設計者：路德維希．瓦格納，約1915年。

Hamburger

由路德維希．瓦格納（Ludwig Wagner）設計的Edel Grotesk體或者New Modern Grotesk體的字模被很多字體公司作為基礎用來創作無襯線字體，例如韋伯（Weber）設計的Aurora Grotesk體，或者魏瑟（Weisert）設計的Favorit Grotesk體。它們的「a」的頂部、「r」的右轉鈎處、以及「b」和「g」橢圓形字碗的連接處都有一個同樣開放的字尾。

Aurora Grotesk，設計者: C. E. Weber，約1915年。

Hamburg

Favorit Grotesk，設計者：Otto Weisert，約1915年。

Hamburg

Akzidenz Grotesk，哈斯公司，1915年之後。

Hamburgers

甚至哈斯公司在字體創作中也引用過這樣的字體原型：Akzidenz Grotesk體。為了避免人家把它誤認為是伯濤德公司的這款字體，在1943年，哈斯公司給它改名叫「Normal Grotesk」。

Normal Grotesk，哈斯公司，從1943年起。

Hamburges

Akzidenz Grotesk，伯濤德公司，約1898年。

Hamburgers

那時的其他一些字體，例如Akzidenz Grotesk體、Reform Grotesk體或者Venus體，更早些具有了「典型的Helvetica」特徵：字母「a」和「g」向內彎曲的字尾、「r」的直鈎、以及「b」和「g」的橢圓形字碗。

Reform Grotesk，斯滕貝爾公司，1904年。

Hamburg

New Haas Grotesk，以1957年作為對照。

Hamburges

Ideal Grotesk，Klinkhardt / Berthold公司，1908年。

Hamburgers

伯濤德公司的Ideal Grotesk體和鮑爾公司的Venus體非常相像。最典型的例子當數字母「a」字碗的上弧部分，這同樣與鮑爾公司的另外兩款字體Monotype Grotesk 216和Folio也很相像。(見157頁)

Venus Grotesk，Bauer公司，1911年。

Hamburg

Monotype Grotesk Series 216，1926年。

Hamburges

Semibold Expanded Grotesque，Schelter & Giesecke公司，1890年。

Hamburg

Bold Expanded Grotesque (French Grotesk)，哈斯公司，1900年之後。

Hamburger

Helvetica的誕生同席勒與吉森柯(Schelter & Giesecke)公司的Semibold Extended Grotesque體有直接的關聯。哈斯公司購買了這款字體的字模，並把它改造為Bold Expanded Grotesque體，後來又更名為French Grotesk(見155頁)。在德語國家裡，原先的「英裔美國式」的「g」的下半部封閉的字碗被打開了。Nebiolo公司的Etrusco體以及很多其他美國字體如Franklin Gothic體或者Record Gothic體也都是從該字體中發展出來的，但都保留了字碗。

Franklin Gothic，設計者：莫里斯·富勒·伯頓，ATF公司，1902年。

Hamburges

由莫里斯·富勒·伯頓(Morris Fuller Benton)設計的Franklin Gothic體是美國無襯線字體最典型的代表。

兩個友好家庭——新無襯線字體

20世紀初，在英格蘭和德國，無襯線字體同時有了新的發展。1916年，愛德華．金斯頓（Edward Johnston）本著改良的態度，為倫敦地鐵設計了應用字體，他希望能夠藉此改進19世紀末無襯線字體野蠻生長的局面。追隨威廉．莫里斯和工藝美術運動之路，他返回去借鑒文藝復興時期的造型和比例關係。金斯頓的學生，字體藝術家艾里克．蓋爾（Eric Gill）創作了Gill Sans字體，這款字體是在去除了線腳的羅馬體的基礎上繼續發展出來的，體現了相當明確的人文主義理想。為了分類方便，這些無襯線字體也被統統稱為「帶有文藝復興特徵的線型羅馬體」或「動態無襯線體」（後來這被看作是無襯線字體的第二種風格）。

大約1920年，意圖明確簡潔的、字母造型構成式的無襯線字體在德國浮出了水面。因為人們覺得19世紀的那種「沒有經過設計的」無襯線字體根本不可能表達出跟包豪斯和工業化一致的概念。1922年，亞柯布．艾爾伯（Jacob Erbar）設計出了第一款幾何化的無襯線字體，在無襯線字體中被歸類於第三種風格。1927年，魯道夫．考赫（Rudolf Koch）創作了Kabel體，保羅．雷納（Paul Renner）創作了Futura體，也屬於這個類別。1928年，簡．切赫（Jan Tschichold）在設計《新字體》（*Die neue Typografie*）一書的時候，發現像Gill Sans和Futura這樣的字體都太過於「設計」了，他更傾向使用更加中性、不招搖的如Akzidenz Grotesk體、Venus體及其他一些與之類似的早期無襯線字體。

第二次世界大戰突然中斷了德國的字體發展。一些最重要的字體設計師如切赫移民到了瑞士，雷納則「移民」到了康士坦茨湖，隱居了起來，其他的一些人不是被逮捕就是被迫流亡到了其他國家。然而，新字體的概念轉移到了中立的瑞士，19世紀以來的無襯線字體在這裡繼續發展。「瑞士風格」出現了，這種風格在今天就像Helvetica和Univers一樣，被稱為「新無襯線」（Neo-Grotesque）風格。而在德國，即便到了戰後，無襯線羅馬體和構成式字體依然在盛行。

New Haas Grotesk，以1957年作為對照。

Hamburges

London Underground, Edward Johnston, 1916年 。

倫敦地鐵字體的圖樣。大寫字母的比例關係仿效了Capitalis monumentalis（羅馬帝國用的大寫銘文），小寫字母造型圓潤、寬厚、開放，筆劃比較粗，該字體即便在字號很小的時候都有很好的易讀性。

New Haas Grotesk，以1957年作為對照。

Hamburges

Gill Sans，設計者：Eric Gill，蒙納公司，1928年。

Hamburges

Erbar Grotesk設計者：Jakob Erbar, Ludwig & Mayer公司，1922年。

ÄBCDCEFGHIJKLMNÖ
PRSTÜVWXYZ
abcdefghijklmnöpqrst
úvwxyz +!?".;* &
1234567890 ß
Hamburges

Erbar Grotesk體的造型明顯與圓形、三角形和矩形等基本圖形相關。小寫字母「a」的造型採用了上下結構，字母造型整體上比較開放，上伸部和下伸部的造型也都各具特色。

Futura，設計者：保羅．雷納，Bauer公司，1927年。

ABCDEFGHIJKLMNOP
QRSTUVWXYZÄÖÜÆŒÇ
abcdefghijklmnopqrſstuvw
xyzäöü ch ck ff fi fl ft ſſ ſi ſt ß æ œ ç
1234567890&.,-:;·!?(’«»§†*
aaaa ggg
Hamburges

保羅．雷納(Paul Renner)想要在造型的構成感與文字的可讀性之間取得平衡。他調整了弧線和筆劃交接點的粗細，這是一種視覺上的準確，而不是數學上的準確。鮑爾公司為Futura體做了一些不同的字母字形備選。最初設計的絕對幾何化版本的「a」和「g」很快就在生產時被廢棄了。

Helvetica的長輩——1957年前的重要字體

隨著20世紀50年代「瑞士版式設計」的出現，以「中性」為精神核心的無襯線字體越來越普及了。New Haas Grotesk體甚至向已經取得成功的伯濤德公司開發的Akzidenz Grotesk體提出了挑戰。這款字體曾與French Grotesk體和Normal Grotesk體一起，奠定了Helvetica日後發展的基礎。Monotype Grotesk體在那時也很普及，而Gill Sans體和Futura體的造型似乎不再受歡迎了。這時，字族紛亂繁雜，標準混亂不堪，甚至像Regular級和Bold級這樣的級數說法也不一致。由於字母的字形不夠統一，以1957年為界，之前的每款無襯線字體看上去都「變化豐富」，之後則更加注重了灰度的均衡。在之前的字體中，字母之間的差異是非常明顯的，尤其是大寫字母「G、R、Q」，以及小寫字母「a、e、g、r、s」，還有數字「1、2、5、7」。

New Haas Grotesk體，1957年。

abcdefghijklmnopqrstuvwxyz
ABCDEFGHIJKLMNOPQR
STUVWXYZ&1234567890

Akzidenz Grotesk體，伯濤德公司，約1898年。

a g G J Q R 2
abcdefghijklmnopqrstuvwxyz
ABCDEFGHIJKLMNOPQR
STUVWXYZ&1234567890
abcdefghijklmnopqrstuvwxyz
ABCDEFGHIJKLMNOPQR
STUVWXYZ&1234567890

伯濤德公司的Akzidenz Grotesk體的特點是：小寫字母「c、e、s」的字尾稍微帶尖，大寫字母「R」的右斜腳呈對角線。Regular級的x高度相對較小，大寫字母偏寬，字距則比較正常，最後整個字體看起來比較空靈，也富於變化。在Helvetica取得巨大成功之後，Akzidenz Grotesk體也相應做了很大的修改（見158頁）。

Monotype Grotesque體 Series 216，1926年。

a t G J Q R 3
abcdefghijklmnopqrstuvwxyz
ABCDEFGHIJKLMNOPQR
STUVWXYZ&1234567890

在瑞士，由於蒙納排版機的市場在不斷拓展。所以在1926年發佈的Monotype Grotesk體也隨之非常流行。這還要回溯到1834年威廉姆・陶勞高設計的無襯線字體，已經呈現出很英裔美式的元素以及獨特的筆劃對比。字形相對較窄，小寫字母「a」上面的字尾是開放的，下面的字碗偏高，並且還有字腳。小寫字母「t」的頂部和字尾都有一個斜切。其他的一些特徵包括：大寫字母「R」的右斜腳呈對角線；大寫字母「G」也很有特點；數字的自身寬度比較緊湊。

New Haas Grotesk體，1957年。

abcdefghijklmnopqrstuvwxyz
ABCDEFGHIJKLMNOPQR
STUVWXYZ & 1234567890

French Grotesk體，哈斯公司，約1900年。

artGQR
abcdefghijklmnopqrstuwxyz
ABCDEFGHIJKLMNOPQR
STUVWXYZ & 1234567890

French Grotesk體，早先叫做Bold Expanded Grotesque，大約發佈於1880年，仍然從19世紀繼承了很多不太規則的造型方式。所有字形都很寬，字尾都有點兒尖，整體造型看起來比較圓潤、開放，像手工做的，例如：「a、c、r、s、t」。

Normal Grotesk體，哈斯公司，1942年。

abrtGQR
abcdefghijklmnopqrstuvwxyz
ABCDEFGHIJKLMNOPQR
STUVWXYZ & 1234567890

哈斯公司的Normal Grotesk體是在瓦格納與施密特公司約1914年出產字模的基礎上發展起來的。這從小寫字母「r」的向下彎曲的鈎就能看出來。字身緊縮，弧形部分都呈橢圓狀，這就使得上伸部看起來相對較長，尤其是小寫字母「t」。1942年初，該字體進行了很大的修改並繼續發展。它的Black Expanded級後來加入到了Helvetica的家族之中。

New Haas Grotesk體，哈斯公司，1957年。

aetGQR1
abcdefghijklmnopqrstuvwxyz
ABCDEFGHIJKLMNOPQR
STUVWXYZ & 1234567890

在New Haas Grotesk體中，筆劃被加粗了，字母間距比通常要緊一些。比例關係很標準化，x高度較大，字尾水平，這讓字形看起來相對閉合，字碗看起來較小，也加劇了它厚實、機械的視覺特徵。就像French Grotesk體一樣，數字的自身相對較寬，「1」有一個典型的水平喙狀嘴。

Helvetica的同輩

1957年前後的字體發展

在第二次世界大戰之後，以19世紀的無襯線字體為原型，去發展一款新的無襯線字體已經成為很多字體公司的共同願望了。人們對像Futura這樣的幾何式字體越來越厭煩，而現代設計對更加中性的無襯線字體的呼聲卻越來越高，一些國家的字體公司開始讓自己的字體設計師們重新修訂他們現有的無襯線字體。阿德里安·弗倫提格開始為德伯尼與佩諾公司設計Univers體，法蘭克福的鮑爾公司正在開發Folio體，在門興斯泰因，New Haas Grotesk體也在開發過程中。一年後，阿姆斯特丹的一家字體公司發佈了Mercator體。儘管50年代的這些字體創作已經共同形成了一種獨特的字體規範語言，但隨後New Haas Grotesk體的問世，還是影響了大多數字體的創作。

在1957年之後，來自競爭對手的模仿

在Helvetica迅速獲得成功之後，其他的一些字體製造商們都想追隨這種趨勢，也想去製作一款類似的字體。甚至連生產過經典字體（如Akzidenz Grotesk體和Monotype Grotesk體）的廠家也加入了模仿的隊伍，把部分字形調整為「瑞士」風格，有的還把所有字形都重新修訂了一遍。也有一些新字體是在Helvetica的啟發下出現的，主要是原先的字體版本由於技術原因或授權問題而沒法使用。

另一方面，應客戶的要求，Helvetica的部分字母字形也重新進行了修改，下面這些修改可能是為了符合學校書本的要求，例如小寫字母「a」的橢圓、大寫字母「R」的直線斜腿、小寫字母「y」的下行直線，都與Univers體很相像。

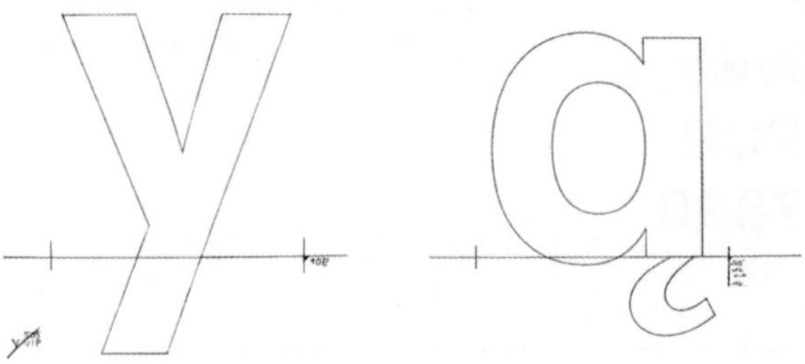

New Haas Grotesk體，1957年。

abcdefghijklmnopqrstuvwxyz
ABCDEFGHIJKLMNOPQR
STUVWXYZ &1234567890

Univers體，設計者：阿德里安·弗倫提格，德伯尼與佩諾公司，1957年。

a k t G Q R 1
abcdefghijklmnopqrstuvwxyz
ABCDEFGHIJKLMNOPQR
STUVWXYZ &1234567890
abcdefghijklmnopqrstuvwxyz
ABCDEFGHIJKLMNOPQR
STUVWXYZ &1234567890

早在1952年，阿德里安·弗倫提格（與艾米·路德一起）就開始創作Univers體了。儘管開始時它是被作為照相排版字體來開發的，但德伯尼與佩諾公司同時也在「Graphic 57」博覽會上把它作為鉛字產品展出——與哈斯發佈Helvetica同時同地。Univers體的典型特徵包括：大寫字母「G」的下面沒有突刺，「Q」的字尾是水平的，「R」的右腿是斜彎的。另外，筆劃粗細也有一定變化，字尾水平，這些都與Helvetica是一樣的，但小寫字母「t」有些不同，頂部是斜切的。與其他鉛字相比，字距算是寬的，在字號很小的時候都很容易閱讀。在50年代，Univers要算一款經過非常精心規劃的字體。它在開始的時候就設定好有21種級數變化，用數字而不是名稱來分類，在造型和比例關係之間協調得非常好。

Folio Grotesk體，Konrad F. Bauer公司與Walter Baum Bauer鑄字公司，1957年。

a k t G Q R 1
abcdefghijklmnopqrstuvwxyz
ABCDEFGHIJKLMNOPQR
STUVWXYZ&1234567890
abcdefghijklmnopqrstuvwxyz
ABCDEFGHIJKLMNOPQR
STUVWXYZ&1234567890

由考拉德·鮑爾（Konrad F. Bauer）和瓦爾特·鮑姆（Walter Baum）設計的Folio Grotesk體非常像是從同樣是由鮑爾公司開發的Venus體中衍化出來的，它是在1957年為Intertype排版機開發的機用字體，到了1969年，已經發展出17種級數包括Italic級、Condensed級和Extended級等多種版本。它的比例關係和字距在Helvetica和Univers之間，節點和筆劃交叉的地方處理成弧形，這樣讓筆劃的變化和對比更加明顯，Bold級尤其如此。字距比較正常，x高度比Helvetica要低一些，大寫字母非常寬。小寫字母「a」的字碗很有特點，是一個對角線方向向上彎曲的弧形。大寫字母「Q」的垂直字尾也很典型。所有字尾都是水準的，跟Helvetica和Univers是一樣的。

New Haas Grotesk體，1957年。

abcdefghijklmnopqrstuvwxyz
ABCDEFGHIJKLMNOPQR
STUVWXYZ&1234567890

Mercator體，設計者：迪克·道耶斯，阿姆斯特丹Lettergieterij公司，1957/58年。

a f t G Q 1 R
abcdefghijklmnopqrstuvwxyz
ABCDEFGHIJKLMNOPQR
STUVWXYZ&1234567890

迪克·道耶斯(Dick Dooijes)設計的Mercator體是用來替代阿姆斯特丹鑄字公司的幾何化字體Nobel的。它的字形與Helvetica有點像，尤其是Bold級。在所有的級數裡，小寫字母「a」都有字腳，「t」的字幹與橫槓交接處有點弧度，大寫字母「Q」的尾巴會讓人聯想起Record Gothic體，「R」的斜腿也是非常有特色的地方。

Akzidenz Grotesk體Series 57級，伯濤德公司，1958年(在英語國家叫做「Standard」)。

a g t G Q R 7
abcdefghijklmnopqrstuvwxyz
ABCDEFGHIJKLMNOPQR
STUVWXYZ&1234567890

Akzidenz Grotesk體在向市場發佈時，展示的是57系列(Regular級)和58系列(Bold級)，字寬是按照萊諾排版機的需求設定的。同時，伯濤德公司還發佈了用於手工排版的鉛字版本。字形的改變不光是為了符合技術的需求，也反映了口味的改變。大寫字母更寬更圓，x高度增加，下伸部縮短，筆劃粗細更加統一，字距縮小，這樣，文字排版的整體灰度更加接近Helvetica。很多字母的字形也向Helvetica的方向調整，例如小寫字母「a」上層封閉了，還有了字腳；「e」變寬了；數字字身狹窄而封閉；「7」去掉了突刺(與Akzidenz Grotesk的原始版本相比較，見154頁)。

AG Buch體，設計者：古特·格哈德·拉格，伯濤德公司，1969年。

a g t s G R 7
abcdefghijklmnopqrstuvwxyz
ABCDEFGHIJKLMNOPQR
STUVWXYZ&1234567890

由於伯濤德公司沒有得到在他們的Diatronic系統中使用Helvetica字體的授權，古特·格哈德·拉格(Günther Gerhard Lange)後來在57系列的基礎上開發了AG Buch體作為替代品，以適應照相排版之需。大寫字母「R」彎曲的斜腿和緊縮的字距是重要的特徵。有一種原始版本與Akzidenz Grotesk體很相像，將會繼續以AG Oldface體的名義保留下來。

New Haas Grotesk體，1957年。

abcdefghijklmnopqrstuvwxyz
ABCDEFGHIJKLMNOPQR
STUVWXYZ &1234567890

Recta體，設計者：Aldo Novarese，Nebiolo公司，1958年。

a g t G K Q R
abcdefghijklmnopqrstuvwxyz
ABCDEFGHIJKLMNOPQR
STUVWXYZ&1234567890

Recta體大約是和Helvetica同期創作出來的一款字體。但它走向了一種完全不同的幾何風格。大寫字母看上去構成感很強，比例關係學習了Capitalis體，小寫字母「a」的字碗是圓形的，數字自身很窄，成文的時候，緊密的字距與Helvetica很相像。

Record Gothic體，設計者：Hunter Middleton，Ludlow公司，1961年。

a g r G Q R 1
abcdefghijklmnopqrstuvwxyz
ABCDEFGHIJKLMNOPQR g
STUVWXYZ &1234567890 1

1961年，Ludlow公司在發佈1926年的Record Gothic體的基礎上進行了全面的修改，並再次發佈。小寫字母「g」改成了「歐洲式」的單層，「a」和數字「1」去掉了字腳。這裡展示的是Bold Medium Extended級，緊湊的字距與Helvetica很像。有特點的地方依然是大寫字母「Q」有個優雅的擺尾，「R」的右腿呈對角直線。

Monotype Grotesque體，1961年版。

a c e s t C E F G J R S

Monotype Grotesque體，原始版，1926年。

a c e s t C E F G J R S

甚至蒙納公司也在1961年為他們自己的無襯線字體替代了一些字母，充滿個性的字母如小寫字母「u、a」和大寫字母「G、R、J」也被Helvetica化，字尾也都改成水平的。在正文中，雖然看上去字體還是很特別，字距還是很寬鬆，但是統一性還是得到了加強。

New Haas Grotesk體，1957年。

abcdefghijklmnopqrstuvwxyz
ABCDEFGHIJKLMNOPQR
STUVWXYZ & 1234567890

Permanent體，設計者：卡吉．約弗，Ludwig & Mayer公司，1962年。

a o t G Q R 7
abcdefghijklmnopqrstuvwxyz
ABCDEFGHIJKLMNOPQR
STUVWXYZ 1234567890

卡吉．約弗（Karlgeorg Hoefer）為路德維希與邁耶公司設計了Permanent體，後來這款字體被伯濤德公司作為Helvetica的替代字體用到了照相排版機上。小寫字母「a」字碗的上弧線會更讓人聯想到Folio而不是Helvetica，但筆劃對比沒那麼強烈。大寫字母（尤其是「R」）和數字的字身都很窄，數字「7」有一個類似襯線字體的突刺，很像Akzidenz Grotesk體。

Forma體，設計者：由阿爾多．諾瓦雷斯，Nebiolo公司，1966年。

a j y G Q R
abcdefghijklmnopqrstuvwxyz
ABCDEFGHIJKLMNOPQR GRa
STUVWXYZ & 1234567890

Forma體由阿爾多．諾瓦雷斯（Aldo Novarese）設計，在開始發佈的時候，部分字母可以提供不同的字形選擇。大寫字母「G、R」和小寫字母「a」都可以在更幾何化的字形和19世紀的字形之間做選擇。大寫字母「R」的腿部比Helvetica更加柔軟彎曲，小寫字母「i」和「y」的下伸部是垂直的，大寫字母「Q」與Univers體也很接近。因為字身相對較寬，所有的字尾都是直的，字距也比較緊，整體視覺效果與Helvetica很相像。

Linea體，設計者：Umberto Fenocchio，寇泊公司，1966年。

a k t G Q R 2
abcdefghijklmnopqrstuvwxyz
ABCDEFGHIJKLMNOPQR GR
STUVWXYZ & 1234567890

儘管由寇泊（Cooperativa）鑄字公司發佈的Linea體有一些完全不同的字形，但大多數字形與Helvetica還是很相似：字尾總是直的，字距很緊；大寫字母「G」也沒有突刺，「R」的斜腿也呈對角線，「Q」也很相像；筆劃交接處的細微粗細調整；大寫字母「K、R」和小寫字母「a」以及數字「1」的特點也差不多；儘管字形沒那麼圓，多少有點更像Univers體，但整體視覺效果與Helvetica還是相當接近的。

New Haas Grotesk體，1957年。

abcdefghijklmnopqrstuvwxyz
ABCDEFGHIJKLMNOPQR
STUVWXYZ&1234567890

Maxima體，設計者：蓋爾德·馮德里希，VEB Typoart公司，1963年。

a g J M Q R 1 2 3
abcdefghijklmnopqrstuvwxyz
ABCDEFGHIJKLMNOPQR
STUVWXYZ &1234567890123

在民主德國，情況有些特殊，因為它完全獨立於國際字體市場之外。1963年，蓋爾德·馮德里希（Gerd Wunderlich）開始為VEB字體公司（前身是席勒與吉森柯公司）開發Maxima體，這款字體的概念與Helvetica和Univers很相似，主要考慮作為正文字體的可讀性。正因為這個原因，還採用了老式的數字字形，大寫字母較小，還加入了東歐的重音符號以及西里爾字母。從未有哪款無襯線字體像它一樣完全遵照Capitalis體的字形比例，例如大寫字母「M」的字幹筆劃都是傾斜的，「J」還有下伸部。筆劃粗細的調整方式與Univers體很類似，但弧形的節點又是典型的Helvetica風格。

Haas Unica，設計者：安德雷·古特勒 / Team 77，哈斯公司，1980年。

a g k G Q R 8
abcdefghijklmnopqrstuvwxyz
ABCDEFGHIJKLMNOPQR
STUVWXYZ&1234567890

1977年，哈斯公司委託「Team 77」和安德雷·古特勒（André Gürtler）來重新修正Helvetica，製造一款新無襯線字體，來適應照相製版的需求。在對Univers體以及其他一些無襯線體做了深入的分析研究之後，他開始創作一款「升級版」的字體。新字體秉承了它的成功「父母」的最好的一些特點，字形不像Helvetica那麼嚴肅，字距也寬鬆了一點，可讀性增強了，這在字號很小的時候就體現得尤為明顯。雖然它還無法與市場上那些傳統無襯線字體想比，但是在四種級數之間取得了完美的平衡，這為萊諾的New Helvetica體奠定了一個好的基礎。

Neue Helvetica 55體，萊諾公司，1983年。

a f r M 5 8
abcdefghijklmnopqrstuvwxyz
ABCDEFGHIJKLMNOPQR
STUVWXYZ&1234567890

在New Helvetica體的創作過程中，不同風格版本的字形都重新進行了繪製，調整得更加精細了。Regular級繼續保留了Helvetica 55的名稱；過去的Medium級按照筆劃粗細設定為65（Medium級）與75（Bold級）之間。與字模系統不同的是，新的單元系統允許個性的字身寬度出現；字母需要更多空間，這樣才能寬鬆一些，比如大寫字母「M」和數字。字形更加統一了，甚至包括那些早期從其他字體轉化過來的condensed級與expanded級。不同風格版本的大寫字母高度都統一了，小寫字母的高度在視覺上也調整一致，加強標點符號在照相排版中的感光度，使其更加清晰。

1970年之後的模仿

在1973年之前是沒有任何法律來保護字體版權的，即便有了字體版權法，也無法或很難能保護字體創作。因此，即便是非常小的字形改變，甚至在有的時候完全沒有改變的情況下，都可以把一款老字體重新命名來銷售。

與鉛字時代不一樣的是，照相排版系統只認自己公司生產的字體。開始的戰爭是關於在系統中認可或拒絕別人的字體，後來就發展為不同排版系統之間的戰爭，這最終導致大量非常相近的字體產品的出現。這些Helvetica的「新演繹」參照了不同的原型版本，比特流（Bitstream）公司的Swiss體參照的是哈斯版，URW公司的Nimbus Sans Text體參照的是New Helvetica體，Nimbus Sans Poster體參照的是Haas Helvetica Poster體。此外還有其他大量的複製版本出現，其中包括：Aristocrat、Claro、Corvus、Geneva 2(不等同於Mac系統字體)、Hamilton、HE、Helios & Helios II、Helv、Helvestar、Helvette、Holsatia、Newton、Megaron、Sans、Spectra、Switzerland、Vega、Video Spectra。

New Haas Grotesk體，1957年。

abcdefghijklmnopqrstuvwxyz
ABCDEFGHIJKLMNOPQR
STUVWXYZ&1234567890

Arial體Regular級，蒙納公司，1982年。

artGQR1
abcdefghijklmnopqrstuvwxyz
ABCDEFGHIJKLMNOPQR
STUVWXYZ&1234567890

Swiss 721體，Bitstream公司，1982年。

artGQR1
abcdefghijklmnopqrstuvwxyz
ABCDEFGHIJKLMNOPQR
STUVWXYZ&1234567890

Nimbus Sans體Regular級，URW公司，1983年。

artGQR1
abcdefghijklmnopqrstuvwxyz
ABCDEFGHIJKLMNOPQR
STUVWXYZ&1234567890

Arial體，曾用名「Sonoran Sans」，是今天最廣為流傳的一款複製Helvetica的字體，是蒙納公司在1982年為IBM公司設計的。當時，IBM公司的競爭對手施樂公司已經從萊諾公司那裡獲得授權，在施樂鐳射靜電影印機上裝上了Times體和Helvetica體。之後Adobe公司在他們的第一台PostScript印刷機上以及蘋果公司在Mac OS系統裡也都安裝了這兩款字體。蒙納公司不想從萊諾公司那裡購買授權，所以他們決定為IBM公司另外生產字體。但是為了保證獲得成功，這款新無襯線字體必須跟Helvetica接近才行。其中的一些字母直接參照了他們公司在1961年出品的Monotype Grotesque體的修訂版。字形更加圓潤、開放，小寫字母「c、e、g、s」的字尾不再是水平的。與其他大多數Helvetica的模仿者一樣，這款字體的字寬與Helvetica字體系統完全保持一致，如此一來，文件可以在非PostScript印刷機上正常列印而不至於造成版面上的字號變動。後來微軟公司在Windows 3.1操作系統中採用了這款字體，並命名為「Arial」，因此它就變成了全球通用的辦公標準字體了。

當代無襯線字體

在20世紀80年代晚期和90年代早期，職業設計師曾有意避免使用Helvetica字體，因為它在公共空間中出現得太頻繁了。於是，不那麼嚴肅的字體比如Meta體、Frutiger體或者Rotis體替代了Helvetica出現在廣告和公務形象設計上。但是在90年代中期，Helvetica的影響力好像又恢復了，這在很多新字體的發展中都能反映出來。與此同時，由席勒與吉森柯公司出品的Extended Semi-bold Grotesque體也對很多新字體產生了很大的影響。

New Haas Grotesk體，1957年。

abcdefghijklmnopqrstuvwxyz
ABCDEFGHIJKLMNOPQR
STUVWXYZ&1234567890

FF Bau體，設計者：克里斯蒂安·施瓦茨，Fontshop International公司，2001年。

a e g t G Q R
abcdefghijklmnopqrstuvwxyz
ABCDEFGHIJKLMNOPQR
STUVWXYZ&1234567890

FF Bau體是由克利斯蒂安·施瓦茨（Christian Schwartz）設計，並由字體網站Fontshop International發佈，是對Schelter Grotesk體的一個新演繹。小寫字母「a」的字腳很有特點；「g」有個封閉的回環；「t」的頂部有個斜切；大寫字母「P」和「R」的字碗很高；x高度相對較低，讓人聯想到19世紀的無襯線字體。

Akkurat體，設計者：勞倫斯·布魯納，萊諾公司，2004年。

a e g l n G Q R
abcdefghijklmnopqrstuvwxyz
ABCDEFGHIJKLMNOPQR
STUVWXYZ&1234567890

Akkurat體由勞倫斯·布魯納（Laurenz Brunner）設計，它嘗試去合併不同字體（比如中性的Helvetica體與幾何式的Neuzeit Grotesk體）的典型特徵。這在Italic級中體現得尤其明顯。兩種字體的小寫字母「l」都有一個彎曲的字腳；數字讓人聯想起DIN體；而「a」與「g」讓人聯想到美國無襯線字體或者Schelter Grotesk體。大寫字母字身緊縮，尤其是「G」，這讓它在德語排版中並不太受歡迎。

Neutral體，設計者：Kai Bernau，B&P鑄字所，2005年。

a e g s t G Q R
abcdefghijklmnopqrstuvwxyz
ABCDEFGHIJKLMNOPQR
STUVWXYZ&1234567890

Neutral體是發現「最中性的字體」的一個研究結果。凱·伯瑙（Kai Bernau）比對和測量了10種中性的字體：AG Buch體、Neue Helvetica體、Univers體、Monotype Grotesk體、Franklin Gothic體、Frutiger體、Trade Gothic體、Documenta Sans體、Thesis Sans體、Syntax體。在計算出它們的「平均統計」之後，他依據運算結果列出了最中性的字母字形，把它作為新字體的基礎。

G

Obsolete?

Helvetica is not perfect—but it is reliable, safe, practical, friendly, and extremely tidy. It was designed for everyday use and, in the world of typography, it has become synonymous with its own characteristics.

Whether it is used for image making, wordmarks, posters, advertisements, or books, Helvetica is a practical tool for designers. Its formal restraint gives them the freedom to visualize their ideas. Its features are still held in high repute despite the hedonism and cockiness that currently propel typography and graphics. The best designers and graphic artists in the world have been using this typeface since the 1960s and with excellent results. Global corporations use it to communicate in every conceivable language; hairdressers and pizza shacks use it to create archaic signs. Its omnipresence fascinates us even more than the extent of its circulation.

We recognize Helvetica's success. It is a sensation of the ordinary and a metaphor for the normal. Not only in design, but in every field, it is essential to subvert the routine preconceptions of daily life in order to discover unexpected revelations and insights. Once we realize this (again), Helvetica can be a useful benchmark for designers to evaluate their own creations.

Helvetica will only ever become obsolete the day we succeed in creating a new typeface that embodies every single one of its characteristics and qualities.

Victor Malsy
Lars Müller

被淘汰了？

Helvetica並不完美，但它可信、安全、實用、親和，而且極其條理化。它為日常使用而設計，在版式世界中，它以自己的名字定義了一種風格。

Helvetica被廣泛用在圖像製作、字體標誌、海報、廣告或者書籍上，對於設計師來說，它是非常實用的工具。它規範克制的字形給了設計師足夠的自由去表達他們的想法。即便今天的版式與圖像已經被享樂主義和驕傲狂妄所主導，它的外觀依然保持著極高的聲譽。從20世紀60年代起，世界上最優秀的平面設計師都在使用這款字體，並創作出了完美的設計。跨國公司通過它跟各個語種的公眾交流，理髮店和比薩店用它做出懷舊標識，它無所不在，它對我們的影響遠比它的發行量更大。

我們認可Helvetica的成功。它代表了一種平凡的感覺，同時也意味著對日常的一個隱喻。不僅僅是設計，也包括在其他一切領域，有勇氣去顛覆我們習以為常的固定思維和模式都是意義非凡的，這使我們能去發現一些從未預料到的事物，也能讓我們具有完全不同的洞察力。當認識到這一點，我們就可以把Helvetica當成參照物，設計師們可以借此來評估他們自己的創作。

Helvetica永遠不會被淘汰！除非有一天我們能創造出一款字體，能夠體現出它所有的特色和優點。

維克托・馬爾塞

拉斯・繆勒

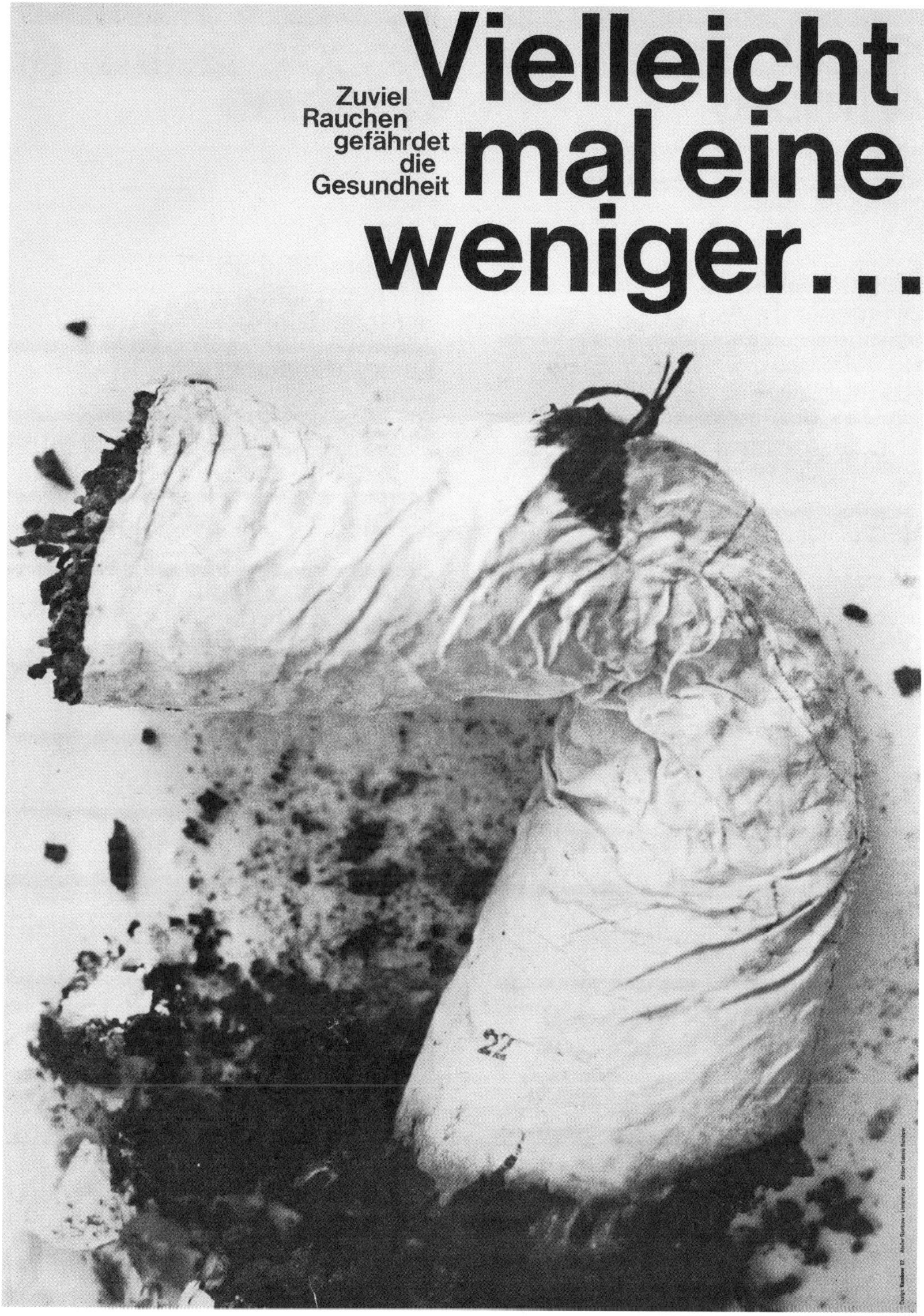
Zuviel
Rauchen
gefährdet
die
Gesundheit
Vielleicht
mal eine
weniger...

海報，1962年。

設計：Atelier Rambow + Lienemeyer

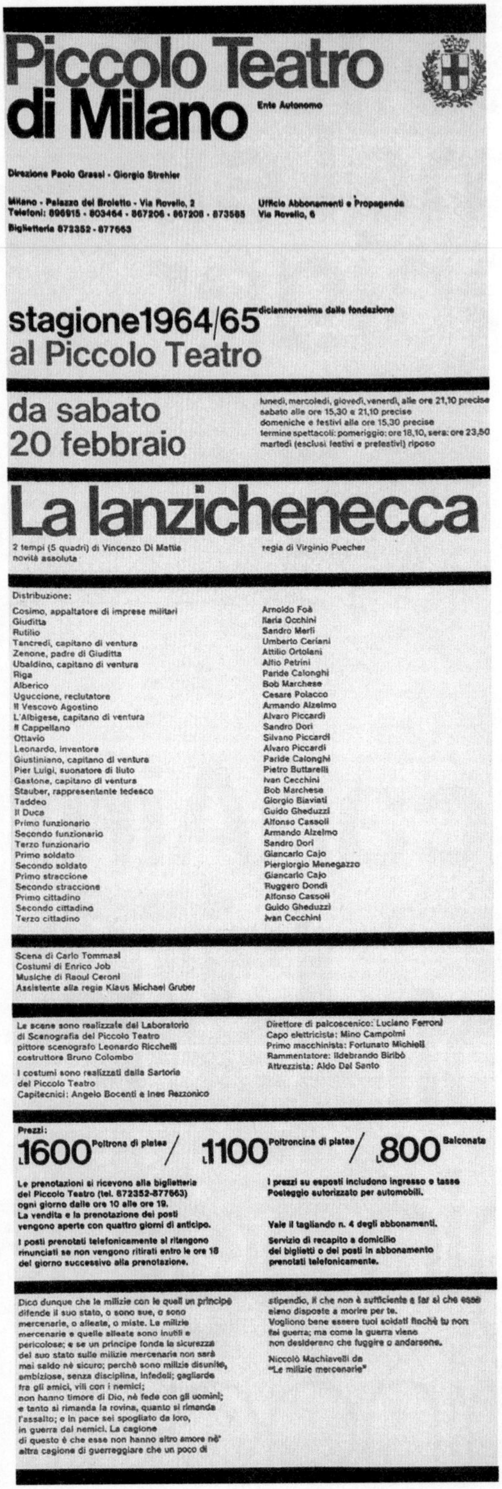

海報，1964年。

設計：Massimo Vignelli

Piccolo Teatro di Milano

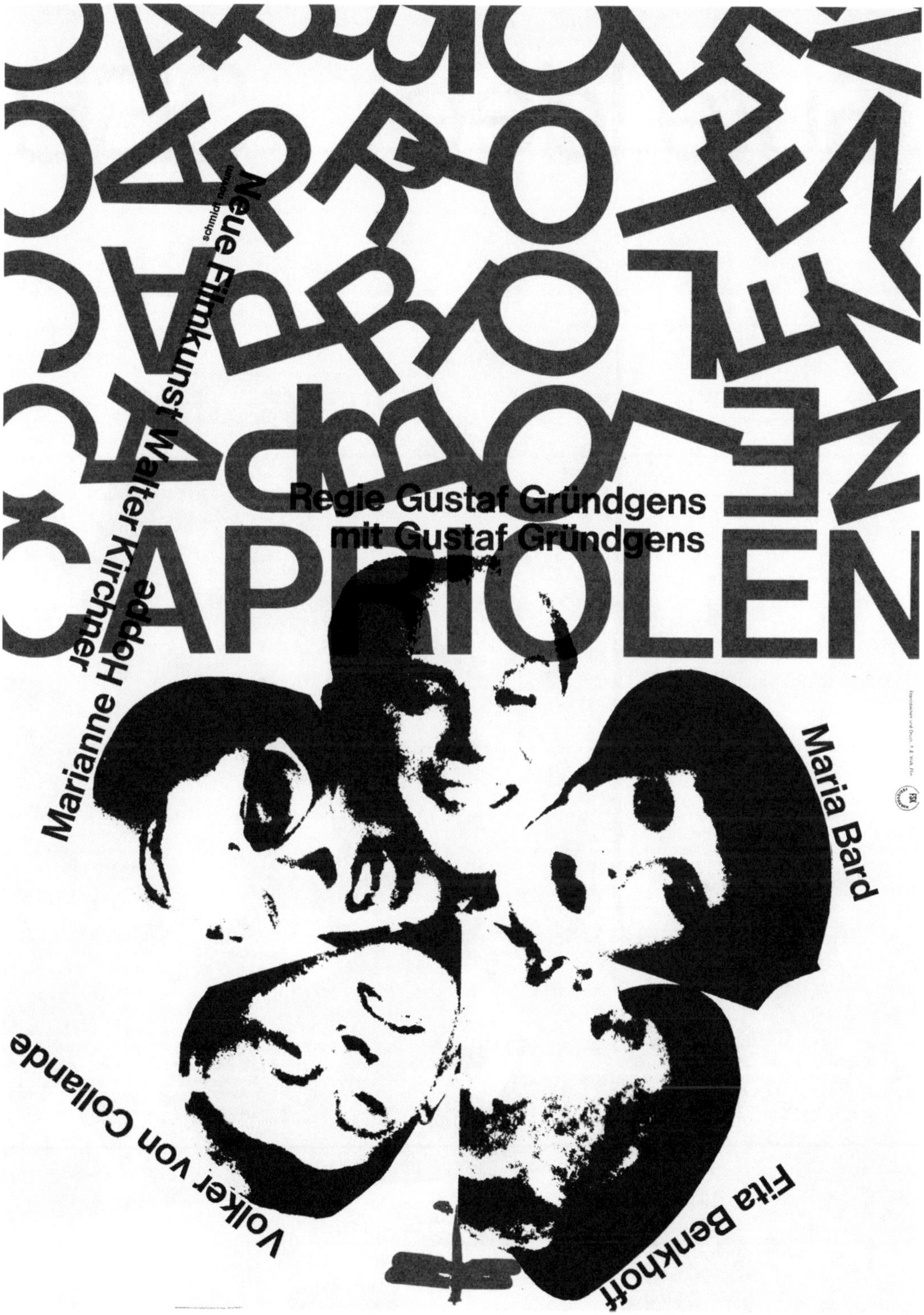

海報，1963年。

設計：Wolfgang Schmidt

Walter Kirchner的新電影藝術

海報，1963年。

設計：Mark Zeugin

瑞士聯邦鐵路

Handzeichen
schaffen Klarheit

海報，1963年。

設計：Hans Hartmann

瑞士交通安全研討會

kunsthalle bern 3. juli bis 5. september
licht und bewegung/kinetische kunst
im garten: neue tendenzen der architektur
licht und bewegung
lumière et mouveme
luce e movimento
light and movement
lumière et mouveme
luce e movimento
light and movement
licht und bewegung

海報，1965年。

設計：Peter Megert

伯爾尼藝術館

海報，1966年。

設計：AG Fronzoni

熱那亞La Polena畫廊

海報，1967年。

設計：Emilio Ambasz

普林斯頓大學建築學院

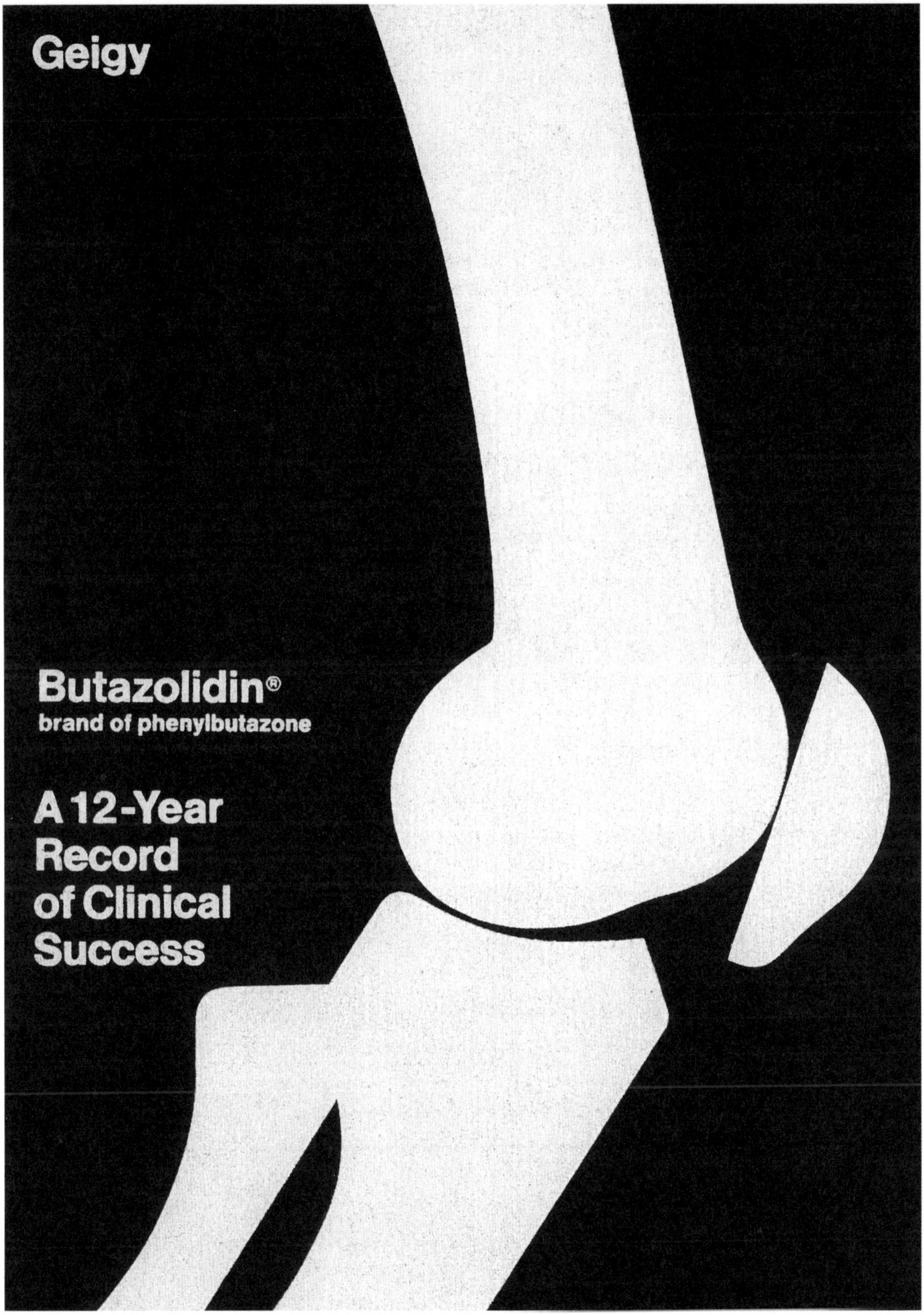
Geigy
Butazolidin®
brand of phenylbutazone
A 12-Year
Record
of Clinical
Success

醫生資訊手冊，1964年。
蓋吉醫藥
阿兹利，紐約。

流動超市，1969年。

Migros聯合基金會

Sie kennen dieses Gefühl vom Sport: die Herausforderung an sich selbst. Das Ziel, immer noch etwas besser zu werden, sich selbst zu übertreffen. Ein Gefühl, das auch uns anspornt.
Lufthansa
Wenn wir für Sie fliegen.
Lufthansa ist die offizielle internationale Airline der ATP-Tour.

Logo字體，1962年。
設計：奧托．艾舍爾（Otl Aicher）

廣告，1994年。
摘自「雲系列」
廣告公司：Young & Rubicam

Bertoia, Florence Knoll, Saarinen, Mies van der Rohe,
Noguchi have designed for Knoll.
Aulenti, Albinson, Cafiero, Christen, Colombo,
Mangiarotti, Pearson, Pettit, Platner, Pollock,
Schultz, and Stephens still do.
Knoll International, in 28 countries, has all these furniture
and textile designs.
320 Park Avenue, New York
Knoll International
DESIGN: MASSIMO VIGNELLI UNIMARK INTERNATIONAL

海報，1967年。

設計：Massimo Vignelli

諾爾國際

musica
viva
musica viva-konzert
donnerstag, 8. januar 1970
20.15 uhr
grosser tonhallesaal
12. sinfoniekonzert
der
tonhalle-gesellschaft zürich
karten zu fr. 1.- bis fr. 5.-
leitung
charles dutoit
solist
karl engel
klavier
tonhalle-
orchester
tonhallekasse, hug, jecklin, kuoni
filiale oerlikon schweiz. kreditanstalt
klaus huber
györgy ligeti
igor strawinsky
klaus huber
«tenebrae»
für grosses orchester
1966-67
«atmosphères»
konzert
für klavier, blasinstrumente,
kontrabässe und pauke
«tenebrae»
wiederholung
entwurf j. müller-brockmann / druck bollmann zürich

海報，1970年。

設計：Josef Müller-Brockmann

蘇黎世Tonhalle-Gesellschaft

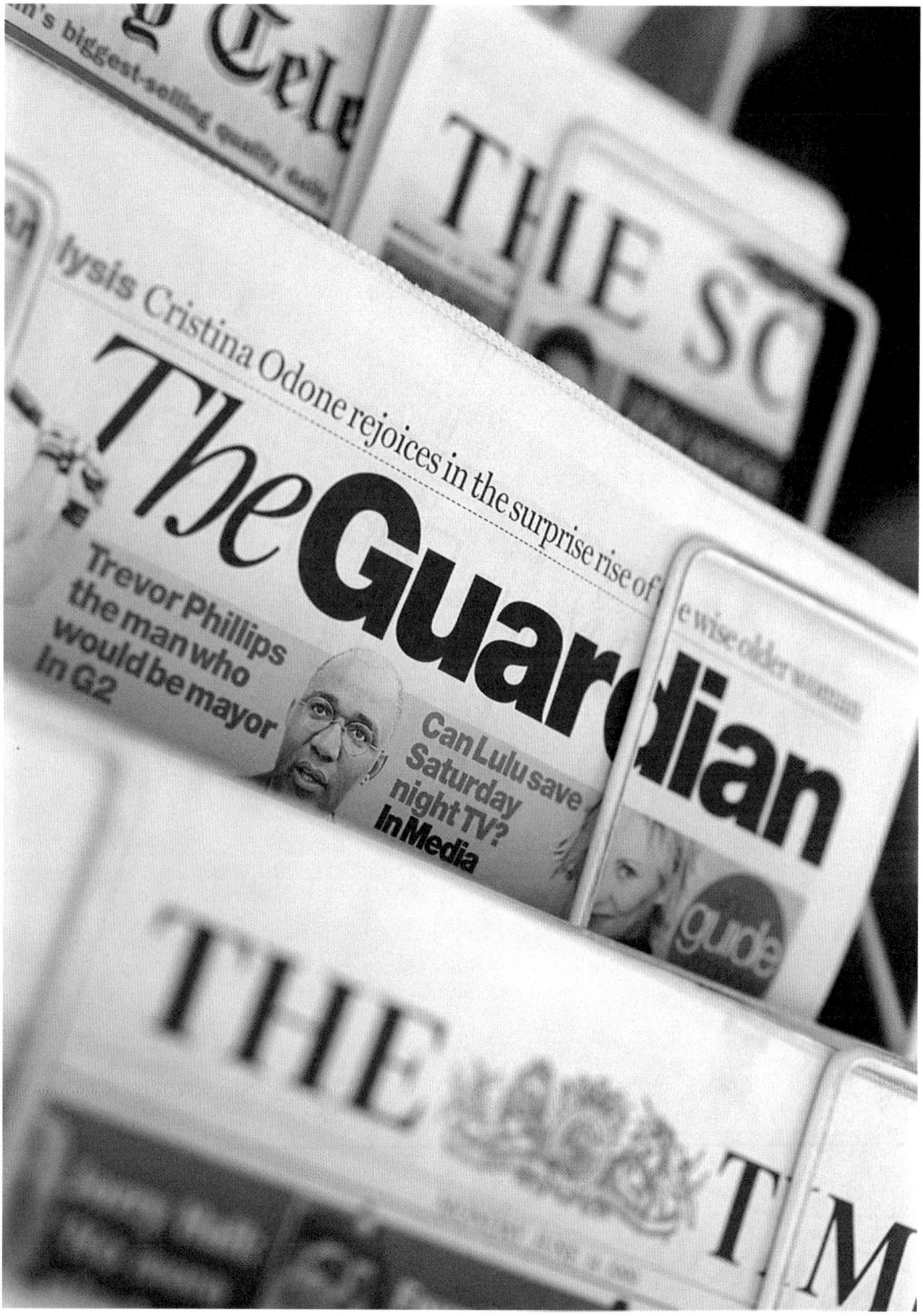

報紙，倫敦，1988年。

設計：David Hillman and Leigh Brownsword

衛報新聞媒體

習語書商，科欽，印度。

設計：佚名

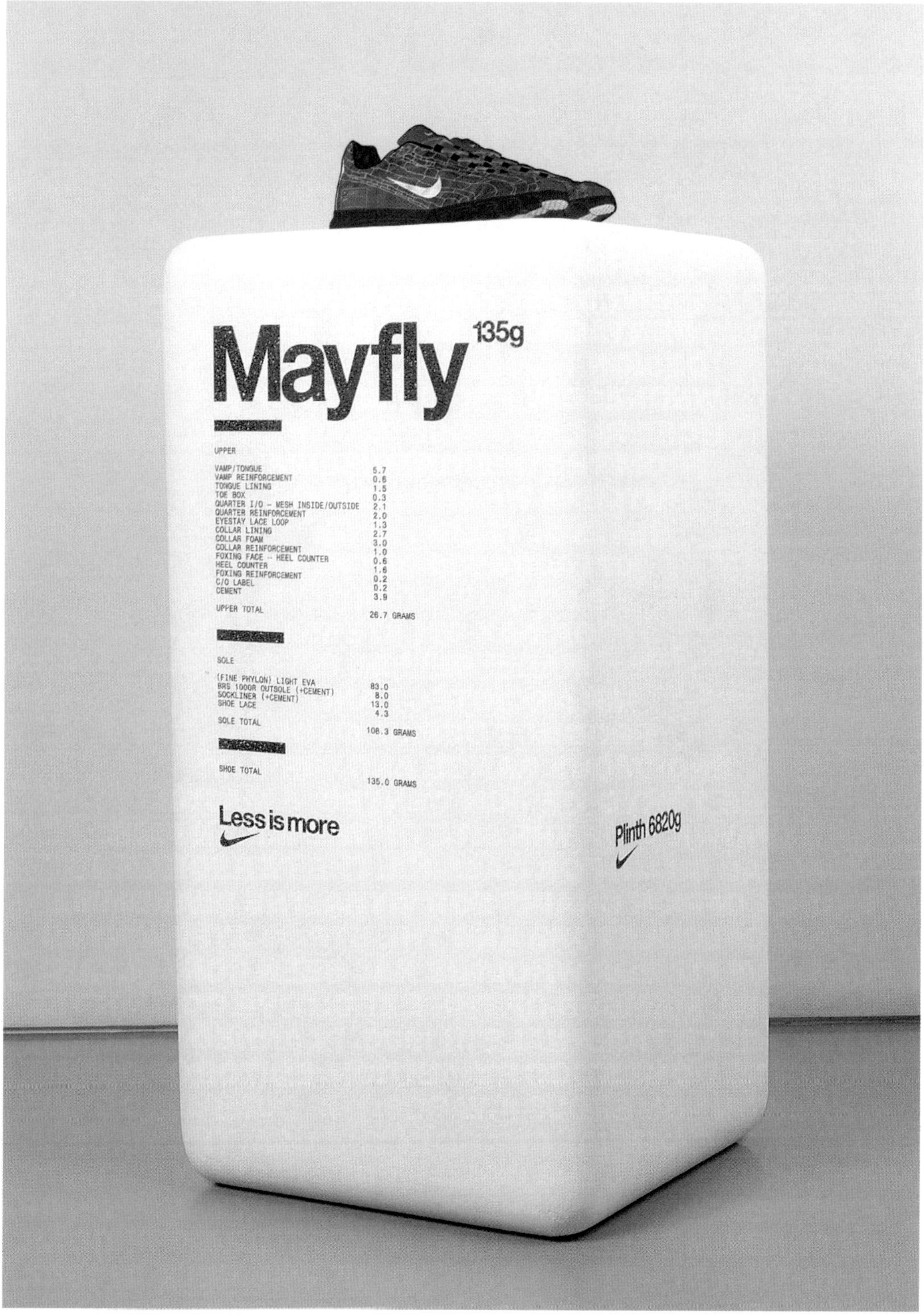

底座

設計：Spin

Nike

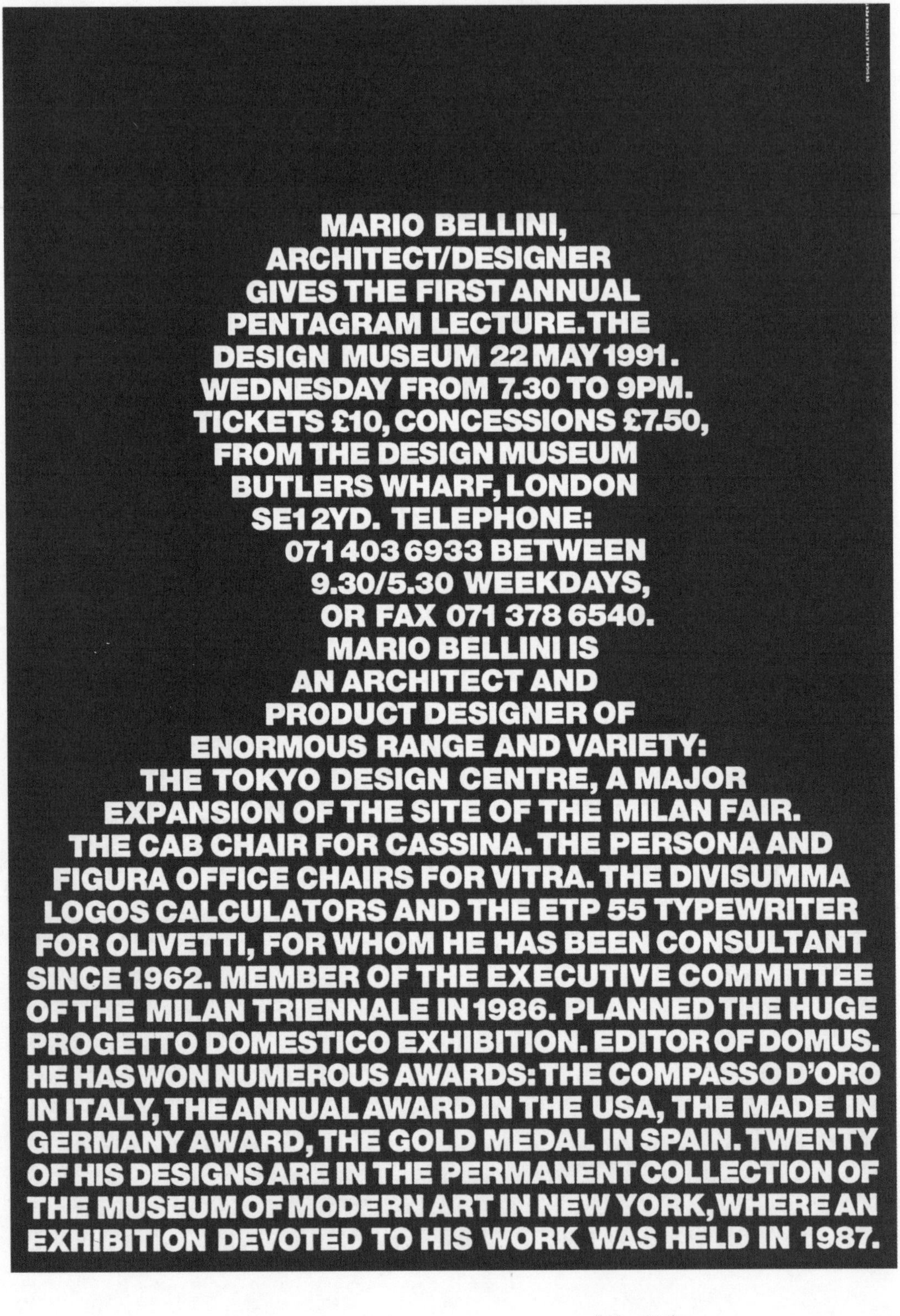

MARIO BELLINI,
ARCHITECT/DESIGNER
GIVES THE FIRST ANNUAL
PENTAGRAM LECTURE. THE
DESIGN MUSEUM 22 MAY 1991.
WEDNESDAY FROM 7.30 TO 9PM.
TICKETS £10, CONCESSIONS £7.50,
FROM THE DESIGN MUSEUM
BUTLERS WHARF, LONDON
SE1 2YD. TELEPHONE:
071 403 6933 BETWEEN
9.30/5.30 WEEKDAYS,
OR FAX 071 378 6540.
MARIO BELLINI IS
AN ARCHITECT AND
PRODUCT DESIGNER OF
ENORMOUS RANGE AND VARIETY:
THE TOKYO DESIGN CENTRE, A MAJOR
EXPANSION OF THE SITE OF THE MILAN FAIR.
THE CAB CHAIR FOR CASSINA. THE PERSONA AND
FIGURA OFFICE CHAIRS FOR VITRA. THE DIVISUMMA
LOGOS CALCULATORS AND THE ETP 55 TYPEWRITER
FOR OLIVETTI, FOR WHOM HE HAS BEEN CONSULTANT
SINCE 1962. MEMBER OF THE EXECUTIVE COMMITTEE
OF THE MILAN TRIENNALE IN 1986. PLANNED THE HUGE
PROGETTO DOMESTICO EXHIBITION. EDITOR OF DOMUS.
HE HAS WON NUMEROUS AWARDS: THE COMPASSO D'ORO
IN ITALY, THE ANNUAL AWARD IN THE USA, THE MADE IN
GERMANY AWARD, THE GOLD MEDAL IN SPAIN. TWENTY
OF HIS DESIGNS ARE IN THE PERMANENT COLLECTION OF
THE MUSEUM OF MODERN ART IN NEW YORK, WHERE AN
EXHIBITION DEVOTED TO HIS WORK WAS HELD IN 1987.

海報，1991年。

設計：Alan Fletcher

倫敦設計博物館

商務形象，1989年。

設計：Pippo Lionni

法國文化教育部

ASKUL Alkakine電池，2005年。
設計：斯德哥爾摩設計實驗室

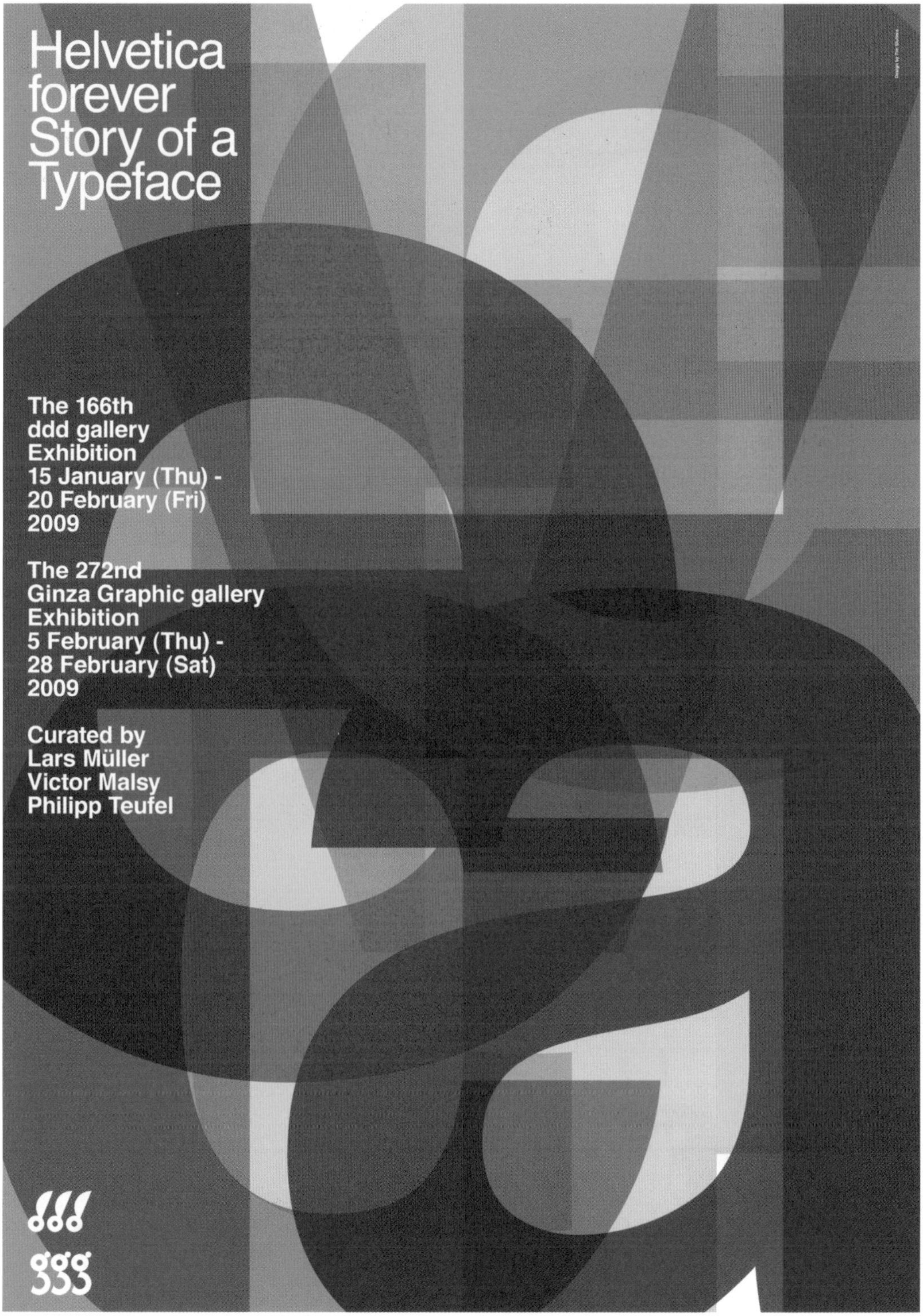
Helvetica
forever
Story of a
Typeface
The 166th
ddd gallery
Exhibition
15 January (Thu) -
20 February (Fri)
2009
The 272nd
Ginza Graphic gallery
Exhibition
5 February (Thu) -
28 February (Sat)
2009
Curated by
Lars Müller
Victor Malsy
Philipp Teufel

海報，2008年。

設計：Tim Sluiters

ddd畫廊，日本大阪。

Ginza平面設計畫廊，日本東京。

海報，2002年。

設計：Cornel Windlin

蘇黎世藝術館

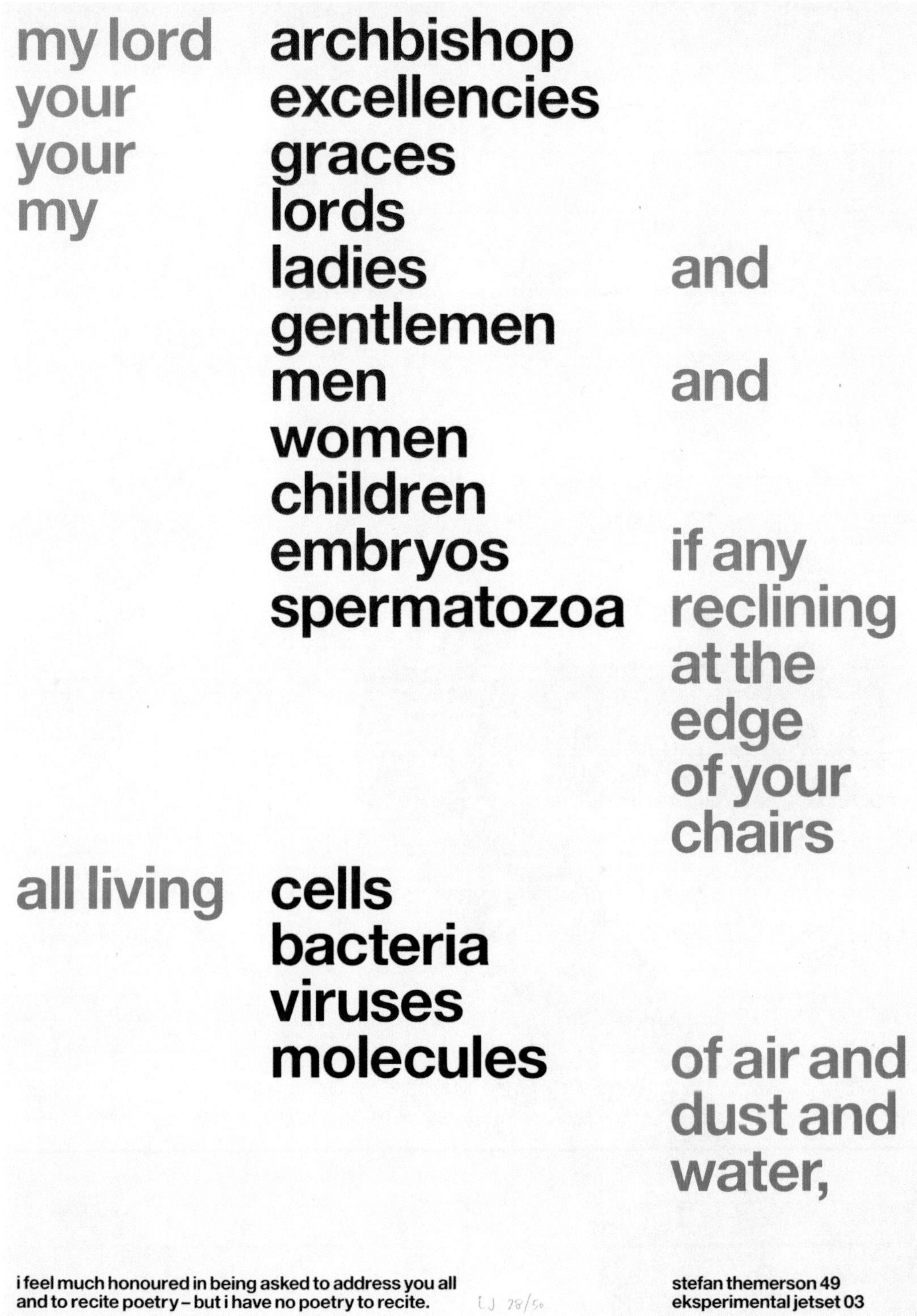

my lord archbishop
your excellencies
your graces
my lords
ladies and
gentlemen
men and
women
children
embryos if any
spermatozoa reclining
at the
edge
of your
chairs
all living cells
bacteria
viruses
molecules of air and
dust and
water,
i feel much honoured in being asked to address you all
and to recite poetry – but i have no poetry to recite.
stefan themerson 49
eksperimental jetset 03

海報，2004年。

設計：Experimental Jetset，阿姆斯特丹

Henry Peacock畫廊，倫敦。

7

“It’s what you make of it!” AL

「是大家造就了它！」

英文版後記

New Haas Grotesk字體印樣於20世紀60年代早期面世，非常精心的手工排版，印在精緻的藝術紙張上，在我的眼裡，它就是真正的藝術品。我能感受到它的緣起，觸摸到大師的手，我能感覺它那均勻的灰度，這要歸功於非比尋常的精細鑄模工藝，我能發現它獨特的品質比如像「ch」和「ck」這樣的連體關係，它開放的數字字符，精密緊緻的字間距——這種感覺讓我極度興奮。

從1957年第一個鉛字出產直到我退休，縱觀New Haas Grotesk或者Helvetica的發展歷程，我發現它的成功與一系列的幸運事件相關：瑞士隔離於第二次世界大戰之外；來自瑞士版式風格的影響；愛德華德·霍夫曼和馬科斯·米丁格的夢幻組合；從一開始就在市場上獲得成功——甚至在海外也是如此，這都又同時歸功於法蘭克福的斯滕貝爾公司的銷售方案、萊諾字模的投產、把字體名字改為Helvetica，不但在幹轉印印刷工業中獲得授權——也就是在這個時期，啟動了一場始料未及的爆炸式發展，同時也獲得了廣泛的國際認可，在機器排版時也是如此。由於如此迅捷地被普及，讓Helvetica成為了行業的工業標準，就像PostScript一樣。此外，數十年來我們一直是國際版式協會的會員，而且同時是董事會成員和執委會成員，由此我們也獲得了大量的客戶聯繫，這層關係也是不能被低估的。

當時，哈斯鑄字公司比以前更加投入，法蘭克福的斯滕貝爾公司的加入對於我們是非常幸運的，因為我們根本沒有能力去應對增長如此迅速的市場需求。無論Helvetica是否能像後來這樣成功，斯滕貝爾公司和我們的分工都是意義重大。斯滕貝爾公司和萊諾公司，實際上也包括每個熱愛字體的人，都在盡全力去把這款字體做到最好，從第一個鉛字字模到照相排版，再到電子排版都是如此。

在Helvetica誕生50周年之際，萊諾公司決定重新生產最初的New Haas Grotesk體，並且把它加入到他們的字庫中去。對於這款字體之父愛德華德·霍夫曼和馬科斯·米丁格來說，沒有比這更好的紀念禮物了。同時，也沒有比這更合適的時候去出版這樣一本全面的、囊括了如此多細節資料的、內容豐富的、針對這款字體歷史的書了。在本書中，我們第一次拿出了早期哈斯鑄字公司的詳盡記錄和視覺資料。職業版式設計師一定在期望它的盡早問世。

阿爾弗雷德·E·霍夫曼

中文版後記

一本書最好的讀者一定就是它的作者。儘管我們不是《字體傳奇——影響世界的Helvetica》的作者，但我們全程策劃、翻譯和設計了它的中文版，算是對中譯本最瞭解的人了。在這個過程中，我們受益良多。當然，這種基礎知識的補足並不會一下子讓我們得到多少提高，但它一定會細水長流，讓我們受益終生。

在平面設計領域也算待了一些年，經歷過各種激情與理想，也經歷過各種挫折與絕望，我們之所以願意花如此巨大的精力去做這樣的基礎讀物，就是因為相信浮華掩蓋不了基礎的缺失，有時候一定要回到原點，重新把土填好，壓扎實了，才好放心繼續前行。接下來我們還會繼續做一些「回頭看」的書，也希望大家能繼續關注。

這本書能夠順利出版，要感謝楚塵文化及香港三聯書店的鼎力支持，正因為有你們，我們才能心無旁騖，把精力集中到書籍的翻譯、編輯與設計上來。另外也要感謝設計界一眾師長與好友的支持，尤其是呂敬人、王序、廖潔連、朱志偉、林偉雄、王紹強、趙清、蔣華、李少波、廣煜、陳嶸、何明、盧濤、袁由敏、方宏章等，你們的文字也將為中國讀者理解英文字體提供極大的幫助。還要感謝徐博，是你不厭其煩地幫助我們去與瑞士出版方交流。

楊林青 & 李德庚

圖片版權

除了下列圖片，其他所有圖片都承蒙巴塞爾紙業基金會所屬的哈斯鑄字公司資料館友情提供:

p. 14–19, 1950s: image of Elvis used by permission, Elvis Presley Enterprises, Inc.; Caravelle: Air France; Laika, IBM, Atomium, Seagram Building, Wohnen, Che Guevara, Ronchamp, Citroën, Fairytale wedding, Economic boom: ullstein bild; Jackson Pollock.
p. 27, portrait of Max Miedinger: Monika Greuter-Miedinger.
Examples of the new font in use: p. 177, 179, 182: Poster collection, Museum für Gestaltung Zürich; p. 181: SNF Research project "Geigy Design," Museum für Gestaltung Zürich/ICS, ZHdK;
p. 182: Migros-Genossenschafts-Bund, Zurich; and the designers;
p. 189: Spin; p. 192: Stockholm Design Lab; p. 193: Tim Sluiters

編著者

因德拉・庫普弗施密德（Indra Kupferschmid）
1973年生於德國Fulda，在魏瑪的包豪斯大學學習視覺傳達，後在荷蘭師從Fred Smeijers，從1999年起在魏瑪、漢堡和杜塞爾多夫做自由排版設計師，從2006年起擔任薩爾布呂肯美術學院的教授，主要研究方向是字體的歷史與分類整理。

阿克瑟・朗格（Axel Langer）
1968年生於瑞士巴登，在蘇黎世大學學習藝術史與音樂理論，從1999年起在Rietberg博物館擔任伊斯蘭藝術的出版人和策劃人，主要研究方向是波斯小型藝術。

維克托・馬爾塞（Victor Malsy）
1957年生於德國Froschhausen，接受過技術工人與男護士的職業教育，後來在不來梅藝術大學學習平面設計，1991年起成立自己的工作室——傳達與造型工作室，從2000年起擔任杜塞爾多夫應用技術大學的設計專業教授，主要研究方向是字體版式與書籍設計。

拉斯・繆勒（Lars Müller）
1955年生於挪威奧斯陸，設計師，出版人，從1982年起在巴登成立視覺傳達設計工作室，從1985年起在多所設計學院教授建築、設計、藝術、攝影與社會的課程。

責任編輯　莊櫻妮
書籍設計　楊林青
封面設計　陳曦成
協　　力　羅詠琳

書　　名　字體傳奇——影響世界的Helvetica
主　　編　拉斯・繆勒
譯　　者　李德庚
出　　版　三聯書店(香港)有限公司
　　　　　香港北角英皇道499號北角工業大廈20樓
　　　　　Joint Publishing (H.K.) Co., Ltd.
　　　　　20/F., North Point Industrial Building,
　　　　　499 King's Road, North Point, Hong Kong
香港發行　香港聯合書刊物流有限公司
　　　　　香港新界大埔汀麗路36號3字樓
印　　刷　中華商務彩色印刷有限公司
　　　　　香港新界大埔汀麗路36號14字樓
版　　次　2012年11月香港第一版第一次印刷
規　　格　16開(165mm × 235mm)216面
國際書號　ISBN 978-962-04-3307-8